XIN NENG YUAN

新能源丛书

CONG SHU

U0723160

多彩风姿的海洋能

楼仁兴 李方正 ◎ 编著

吉林出版集团股份有限公司

图书在版编目（CIP）数据

多彩风姿的海洋能 / 楼仁兴，李方正编著 . -- 长春：
吉林出版集团股份有限公司，2013.6
（新能源）
ISBN 978-7-5534-1958-9

Ⅰ . ①多… Ⅱ . ①楼… ②李… Ⅲ . ①海洋动力资源
－普及读物 Ⅳ . ①P743-49

中国版本图书馆CIP数据核字（2013）第123457号

多彩风姿的海洋能

编　　著	楼仁兴　李方正	
策　　划	刘　野	
责任编辑	林　丽　张又方	
封面设计	孙浩瀚	
开　　本	710mm×1000mm　　1/16	
字　　数	105千字	
印　　张	8	
版　　次	2013年8月　第1版	
印　　次	2018年5月　第4次印刷	

出　　版	吉林出版集团股份有限公司
发　　行	吉林出版集团股份有限公司
地　　址	长春市人民大街4646号
	邮编：130021
电　　话	总编办：0431-88029858
	发行科：0431-88029836
邮　　箱	SXWH00110@163.com
印　　刷	湖北金海印务有限公司

书　　号	ISBN 978-7-5534-1958-9
定　　价	25.80元

前　　言

　　能源是国民经济和社会发展的重要物质基础，对经济持续快速健康发展和人民生活的改善起着十分重要的促进与保障作用。随着人类生产生活大量消耗能源，人类的生存面临着严峻的挑战：全球人口数量的增加和人类生活质量的不断提高；能源需求的大幅增加与化石能源的日益减少；能源的开发应用与生态环境的保护等。现今在化石能源出现危机、逐渐枯竭的时候，人们便把目光聚集到那些分散的、可再生的新能源上，此外还包括一些非常规能源和常规化石能源的深度开发。这套《新能源丛书》是在李方正教授主编的《新能源》的基础上，通过收集、总结国内外新能源开发的新技术及常规化石能源的深度开发技术等资料编著而成。

　　本套书以翔实的材料，全面展示了新能源的种类和特点。本套书共分为十一册，分别介绍了永世长存的太阳能、青春焕发的风能、多彩风姿的海洋能、无处不有的生物质能、热情奔放的地热能、一枝独秀的核能、不可或缺的电能和能源家族中的新秀——氢和锂能。同时，也介绍了传统的化石能源的新近概况，特别是埋藏量巨大的煤炭的地位和用煤的新技术，以及多功能的石油、天然气和油页岩的新用途和开发问题。全书通俗易懂，文字活泼，是一本普及性大众科普读物。

　　《新能源丛书》的出版，对普及新能源及可再生能源知识，构建资源节约型的和谐社会具有一定的指导意义。《新能源丛书》适合于政府部门能源领域的管理人员、技术人员以及普通读者阅读参考。

在本书的编写过程中，编者所在学院的领导给予了大力支持和帮助，吉林大学的聂辉、陶高强、张勇、李赫等人也为本书的编写工作付出了很多努力，在此致以衷心的感谢。

鉴于编者水平有限，成书时间仓促，书中错误和不妥之处在所难免，热切希望广大读者批评、指正，以便进一步修改和完善。

目录 CONTENTS

多彩风姿的海洋能

多彩风姿
的
海洋能

多彩风姿的海洋能

01
什么是海洋能

　　什么是海洋能？目前还没有一个确切公认的定义，但顾名思义，由海洋中的海水所产生的能量，都可视为海洋能。例如，海水运动所产生的能量，即是海洋动力能；海水温度差异所产生的能量，叫作海洋热能；海水中生物产生的能量，称为海洋生物能。此外，还有以物质资源形式存在的其他能源，如海水中的铀、重水都是十分重要的能源。

　　海洋是一个庞大的蓄能库，海水中蕴藏的海洋能来源于太阳能和天体对地球的引力。只要有海水存在，海洋能永远不会枯竭，所以人

🔍 海洋

们常说海洋能是取之不尽，用之不竭的新能源。

地球的总面积为5.1亿平方千米，海洋面积就有3.61亿平方千米，占整个地球面积的71%，而陆地面积只占29%。那么，世界上的海洋能有多少呢？至今还没有确切的、公认的数字。世界各国学者根据不同的计算方法和海洋资料，得到了不同的结果，它们之间的差别相当大。各国学者计算的结果尽管不尽相同，但是都认为海洋能是十分惊人的，甚至是取之不尽用之不竭的。有人做过估算，如果赤道地区宽10千米、厚20米的表层海水所释放的热能能够加以利用的话，就比全世界一年的能源消耗量还大，即开发利用其中很小的一部分能量，也就可以满足全世界的能源需要了。

（1）海洋动力能

海洋动力能是指海水运动过程中产生的潮汐能、波浪能、海流能及海水因温差和盐度差而引起的温差能与盐差能等。其特点为蕴藏量大，可再生；能流分布不均、密度低；能量多变，不稳定。

（2）海洋热能

海洋热能是指由海洋表层温水与深层冷水之间的温差所蕴藏的能量。在热带和亚热带地区，表层海水保持在25～28℃，几百米以下的深层海水温度稳定在4～7℃，用上下两层不同温度的海水作热源和冷源，就可以利用它们的温度差发电。

（3）海洋生物能

海洋生物能是海洋中生长着的大量藻类中蕴藏的巨大能量。例如，将巨藻切碎后，再经过细菌分解，发酵，可以产生甲烷和氢。现在美国开始大规模种植巨藻，设想在不久的将来，通过这种方法来满足国内全部或大部分地区对甲烷的需求，那时利用巨藻生产的燃料价格可与未来能源相竞争。

02
海洋能源多风采

　　海洋是富饶的，海洋中蕴藏着洁净、取之不尽、用之不竭的能源，包括潮汐能、潮流能、波浪能、海流能、海洋温差能和海洋盐度差能。在这些能源中，潮汐能、潮流能来源于地球和太阳的引潮力，其他海洋能主要直接或间接来源于太阳的辐射。潮汐能、波浪能、海流能及潮流能是力能；海洋温差能是热能；海洋盐度差能是渗透压能，又简称盐能。

　　这些海洋能都是可以再生的，只要日月在运转，风在不停地吹，太阳在闪光，江河在奔流，这些海洋能就会永无穷尽。尽管亿万年来，人类在地球这颗星球上繁衍生息，但是绝大多数使用的能源仅仅来自陆地，只是近代才进行海上石油开发，真正的海洋能源基本上没

🔎 富饶的海洋

有动用。

在能源大家族中，海洋能属于小字辈，开发利用的历史很短。自从20世纪60年代世界能源出现危机以来，人们才对海洋能产生兴趣，从而加快了对海洋能开发利用的步伐，并取得了令人欣喜的进展。

目前，在各种海洋能的开发利用方面，多数处于试验阶段，少部分达到实际使用水平。其中，潮汐能的开发利用走在最前面，开发技术基本成熟，发电的规模开始从中小型向大型化发展；海浪能的开发利用处在试验阶段，都处于中小型规模；海水温差能发电开始从小型试验阶段向中型过渡，发展势头迅猛；海水盐度差能的开发利用在海洋能中最落后，尚处在原理性研究和工程设想阶段。

（1）潮汐

潮汐是指海水在天体（主要是月球和太阳）引潮力作用下产生形变或长周期波动的现象。习惯上把海面垂直方向涨落称为潮汐，而海水在水平方向的流动称为潮流。潮汐是沿海地区的一种自然现象，古代称白天的河海涌水为"潮"，晚上的称为"汐"，合称为"潮汐"。

（2）波浪

波浪是指水体在外力作用下水质点离开平衡位置做周期运动、水面呈周期起伏并向一定方向传播的现象。波浪形成后，可以看到液体表面做此起彼伏的波动。研究波浪运动规律在国民经济建设中，特别是对航运、港口、海洋等工程有重要的理论意义和应用价值。

（3）海流

海流又称洋流，是海水因热辐射、蒸发、降水、冷缩等而形成密度不同的水团，再加上地转偏向力、引潮力等作用而大规模相对稳定的流动。它是海水的普遍运动形式之一。

03
取之不尽

就全球海洋能理论数值800亿千瓦来说，其中温差能为400亿千瓦，盐差能为300亿千瓦，潮汐能和波浪能各为45亿千瓦，海流能为10亿千瓦，但难以实现全部取用，只能利用较强的海流能、潮汐能和波浪能。因此，估计技术上允许利用功率为64亿千瓦，其中盐差能30亿千瓦，温差能20亿千瓦，波浪能10亿千瓦，海流能3亿千瓦，潮汐能1亿千瓦。

海洋能的潜在能量很大，这是因为海域广阔，海水量很大的缘故。然

🔍 取之不尽的海洋能

而，我们知道，海洋能的强度与常规能源相比，是非常低的。例如，海水温差小，海面与500～1000米深层水之间的较大温差仅为20℃左右；潮汐、波浪水位差小，较大潮差仅7～10米，较大波高仅3米；潮流、海流速度小，较大流速仅4～7米/秒。

即使这样，在可再生能源中，海洋能仍具有可观的能流密度。以波浪能为例，每米海岸线平均波功率在最丰富的海域是50千瓦，一般的有5～6千瓦，即相当于太阳能流密度1千瓦/平方米。又如潮流能，最高流速为3米/秒的舟山群岛潮流，在一个潮流周期的平均潮流功率达4.5千瓦/平方米。

（1）温差能

温差能是指涵养表层海水和深层海水之间水温差的热能，是海洋能的一种重要形式。海洋的表面把太阳的辐射能大部分转化为热水并储存在海洋的上层。另一方面，接近冰点的海水大面积地在不到1000米的深度从极地缓慢地流向赤道。这样，就在许多热带或亚热带海域终年形成20℃以上的垂直海水温差。利用这一温差可以实现热力循环并发电。

（2）盐差能

在海水和江河水相交汇处，还蕴含着一种鲜为人知的盐差能，可以利用其发电。当把两种浓度不同的盐溶液倒在同一容器中时，浓溶液中的盐离子就会自发地向稀溶液中扩散，直到两者浓度相等为止。所以，盐差能发电就是将两种含盐浓度不同的海水化学电位差能转换为有效电能。

（3）能流密度

能流密度是在一定空间范围内，单位面积所能取得的或单位重量能源所能产生的某种能源的能量或功率。如能流密度很小，即很难作为主要能源。按目前技术水平，太阳能和风能的能流密度很小，每平方米约100瓦左右。

04

用之不竭

🔍 用之不竭的海洋能

　　1981年，联合国教科文组织公布，全世界海洋能的理论可再生总量约为800亿千瓦，现在技术能实现的开发海洋能资源起码有近百亿千瓦。专家测算，无论是海洋能的理论可再生总量，还是现在实际开发能源资源总量，都远远超过公布的数字。

中国海域辽阔，面积达488万平方千米，约为中国陆地面积的1/2。海岸线绵长，长达1.8万千米；岛屿星罗棋布，共有5000多个岛屿，岛屿岸线1.4万千米，每年入海河流的淡水量为2万亿~3万亿立方米，海洋能资源十分丰富，专家估计开发量约4.6亿千瓦，其中潮汐能1亿千瓦，海洋温差能1.5亿千瓦，盐度差能为1.1亿千瓦，波浪及海流能约1亿千瓦。海洋能总蕴藏量约占全世界的能源蕴藏量5%。如果我们能从海洋能的蕴藏量中开发1%，并用来发电的话，那么其装机容量就相当于中国现在的全国装机总容量。

（1）能源资源总量

能源资源总量指自然界赋存的已经查明的和推断的资源数量。已经证明这些资源在目前或可预见的时期内有开采价值。海洋能资源总量包括潮汐能、波浪能、海流能、海水温差能和盐差能等海洋中所蕴藏的可再生的自然能源的资源总量。

（2）海岸线

海岸线是陆地与海洋的交界线，是发展优良港口的先天条件，一般分为岛屿海岸线和大陆海岸线。曲折的海岸线极有利于发展海上交通运输。从形态上看，海岸线有的弯弯曲曲，有的却像条直线。并且，这些海岸线还在不断地发生着变化。

（3）岛屿

岛屿是指四面环水并在高潮时高于水面的自然形成的陆地区域。在狭小的地域集中两个以上的岛屿，即成岛屿群，大规模的岛屿群称作群岛或诸岛，列状排列的群岛即为列岛。如果一个国家的整个国土都坐落在一个或数个岛之上，则此国家可以被称为岛屿国家，简称岛国。

05
能量稳定

🔍 **海洋是个庞大的蓄能库**

　　海洋能比较稳定，它不像陆地上的风能、水能那么容易散失。海洋是个庞大的蓄能库，它将太阳能，以及派生的风能等，以热能、机械能等形式蓄存在海水里。海水温差、盐度差、海流都是较稳定的，24小时不间断，昼夜波动小，只稍有季节性的变化。潮汐、潮流则作恒定的周期性变化，对大潮、小潮、涨潮、落潮、潮位、潮速、方向，都可以准确预测。海浪是海洋中最不稳定的，是季节性、周期性的能源，而且相邻周期也是变化的。但海浪是风浪和涌浪的总和，而涌浪源自辽阔海域持续时日的风能，不像当地太阳和风那样容易骤起骤停，以及受局部气象的影响。

世界海洋能的分布情况如下：海洋热能主要分布在南纬30°到北纬30°之间的赤道带深水海域；潮汐能主要在潮差大而有良好地形的港湾河口，如法国圣马诺湾、白令海和鄂霍茨克海、中国的海宁钱塘江，以及印度、澳大利亚、阿根廷的海岸等；波浪能主要发生在南北半球30°纬度之间的地区。北半球海浪峰值出现在大西洋、太平洋盆地东端的经度上，即英、美的西海岸。流速较大的海流，则发生在两大洋的西端，即著名的邻近日本的黑潮和邻近美国的墨西哥湾流。强潮流发生在海峡。盐度差能主要分布在世界各大河流入海处。

（1）大潮

在农历每月初一和十五（满月）的时候，月球、太阳和地球三者近乎处于一条直线上，月球和太阳能引起的潮汐相互迭加，使海平面的升降幅度较大，故称大潮。

（2）小潮

在农历初七和二十二左右，地球、月球、太阳形成直角，由于太阳和月亮对地球潮汐的影响部分相消，所以所产生的潮汐高度也较低而被称为小潮。

（3）钱塘江

钱塘江位于安徽省、浙江省，于上海市南汇区和宁波市、舟山市嵊泗县之间注入东海，其中杭州附近河段，称为之江或罗刹江。钱塘江潮被誉为"天下第一潮"。

06
历史悠久

　　人类很早就利用海洋能了。11世纪左右的历史记录里有潮汐磨坊。当年大西洋沿岸建造过许多磨坊，功率在30～100马力之间，有的一直运转到20世纪。20世纪初，欧洲开始利用潮汐发电，20年代和30年代，法国和美国曾动工兴建较大的潮汐电站，没有成功。后来，法国经过多年筹划和经营，终于在1967年建成装机24万千瓦的朗斯潮汐电站。1968年，前苏联在摩尔曼斯克附近的基斯拉雅湾建设了一座装机400千瓦的潮汐电站。1984年，加拿大在新斯科舍省安纳波利斯—罗

人类很早就利用海洋能

耶尔建成装机2万千瓦的中间试验电站等。

不过，海洋能的利用也有一定困难，海洋中风、浪、流的破坏性较大，海水化学腐蚀性较强，会给工程建筑施工带来一定难度。加上海洋能密度低，工程造价较高，影响它与其他能源的竞争能力。

目前，世界各国对海洋能的开发利用均处于初期阶段；对于潮汐能的开发技术比较成熟，已进入技术经济评价和工程规划阶段；海洋热能的利用正在进行工程性研究；波浪能的利用已处于试验研究阶段；海流能、盐度差能的利用尚处于原理研究阶段。科学家们相信，不远的将来，海洋能一定能够为人类造福，一定能够发挥出它的强大的能量。

（1）潮汐发电
　　潮汐发电与普通水利发电的原理类似，通过出水库，在涨潮时将海水储存在水库内，以势能的形式保存，然后，在落潮时放出海水，利用高、低潮位之间的落差推动水轮机旋转，带动发电机发电。

（2）涨潮、落潮
　　海水有涨潮和落潮现象，涨潮时，海水上涨，波浪滚滚，景色十分壮观；退潮时，海水悄然退去，露出一片海滩。涨潮和落潮一般一天有两次。

（3）技术经济评价
　　技术经济评价指对技术的经济合理性进行定量的评价，是技术经济分析论证很重要的内容。技术经济评价有两种：一是微观技术经济评价；二是宏观技术经济评价。

07

海上明月共潮生

🔍 涨潮

　　到过海边的人，都会发现海水有周期性的涨落现象，每天大约涨落两次。海水的这种有规律的周期运动，就是大家熟知的海洋潮汐现象。古人把白天的海水上涨叫作"潮"，晚上的上涨叫作"汐"，合起来称为"潮汐"。

是谁把海水掀起来又推下去的呢？古代的科学家们早已洞察到潮汐和月球的吸引力有关。中国东汉时期著名的思想家王充说过："涛之兴也，随月盛衰。"唐代张虚若在他的《春江花月夜》诗中有"春江潮水连海平，海上明月共潮生"的诗句。

唐代有人认为海潮是月亮和海水互相作用，使海水的体积发生盈缩而造成的。

17世纪，科学家发现了万有引力定律，18世纪提出了潮汐的动力理论，使人们对潮汐现象的产生原因有了进一步的认识。潮汐是由于月亮和太阳对地球不同地方的海水质点的引力不同而形成的。

（1）月球

月球，俗称月亮，古称太阴，是环绕地球运行的一颗卫星。它是地球唯一的一颗天然卫星，也是离地球最近的天体（与地球之间的平均距离是38.4万千米）。1969年尼尔·阿姆斯特朗和巴兹·奥尔德林成为最先登陆月球的人类。

（2）海潮

海潮指海洋中的潮汐现象，是由月球与太阳的周期运动有关的涨落运动。由于月球和太阳的引潮力作用，使海洋水面发生的周期性涨落现象。平均周期（即上一次高潮或低潮至下一次高潮或低潮的平均时间）为12小时25分。

（3）万有引力定律

万有引力定律是艾萨克·牛顿在1687年于《自然哲学的数学原理》上发表的。牛顿的普适万有引力定律表示如下：任意两个质点通过连心线方向上的力相互吸引。该引力的大小与它们的质量乘积成正比，与它们距离的平方成反比，与两物体的化学本质或物理状态以及中介物质无关。

08
月亮怎样掀起海潮▎

🔎 海潮

　　地球对着月球的一面，由于距离月球较近，所受引力较大，海水必然有隆起，这比较容易理解。而背着月球的那面距离月球较远，海水也有隆起，这是什么原因呢？其实，月球对于地心的引力，是月球对整个地球的平均引力。对着月球的一面，由于所受引力大于平均引力，海水有奔向月球的趋势，所以要朝着月球方向隆起；而背着月球的一面所受的引力，显然小于月球对地球的平均引力，海水就有背离月球的趋势，所以要朝背着月球的方向隆起。

　　人们常说月球围绕着地球转，其实，这种说法并不全面。正确的说法是，地球和月球围绕着它们的共同质量中心（质心）互相绕转。在地球和月球互相绕转的过程中，一方面地球上各点要受到大小相等、方向一致，且都背向月球的惯性离心力的作用；另一方面，地球上各点还受到月球引力的作用，引力的方向当然都指向月球中心，而引力的大小则因到月心的距离不同而不同。

每逢农历的初一、十五就涨大潮，这是因为农历每月的初一（朔），太阳和月球位于地球的同侧，日月合力引力大，太阳潮和太阴潮同时、同地发生，便形成大潮。每逢农历十五日，即望日，太阳和月球分别位于地球两边，你推我拉，两相配合，也形成大潮，因此有"初一、十五涨大潮"的说法。

可是，每逢上弦和下弦时，太阳和月球对于地球成直角方向。太阳潮的落潮和太阴潮的涨潮同时同地发生，互相抵消，减弱潮势，便形成小潮。所以又有"初八、二十三，到处见海滩"的说法。

（1）惯性离心力

在相对于地面做匀速转动的圆盘上，用弹簧将一个质量为m的小球与圆盘的中心相连。当圆盘以角速度ω转动时，盘上的观察者将发现小球m受一个力的作用向外运动从而把弹簧拉长，即小球受到一个方向背离旋转中心的作用力，此力是小球的惯性引起的，故称惯性离心力。

（2）上弦月

上弦月是月亮圆缺的一种形状，出现在农历初七或初八，月亮上半夜出来，在西面出来，月面朝西。

（3）下弦月

下弦月是月亮圆缺的一种形状，出现在农历二十二、二十三日，月亮出现在下半夜，月面朝东，位于东半天空。

09
潮汐的科学研究

近海岸处，海水呼啸澎湃。科学家在海水中竖起一根刻有刻度的尺杆，随时从尺杆上读出海面的高度，即从尺杆零点起算的潮位高度（潮高）。这种尺杆称为水尺，这项工作名为验潮。海面在水尺上的读数随时间而变化，科学家每隔一定时间记下一个读数值，就可以得到一组时间与潮高的数据。如果以时间为横坐标，以潮高为纵坐标，就可以绘出形状与正弦曲线相似的曲线，这条曲线就称为潮位曲线，它反映了潮位变

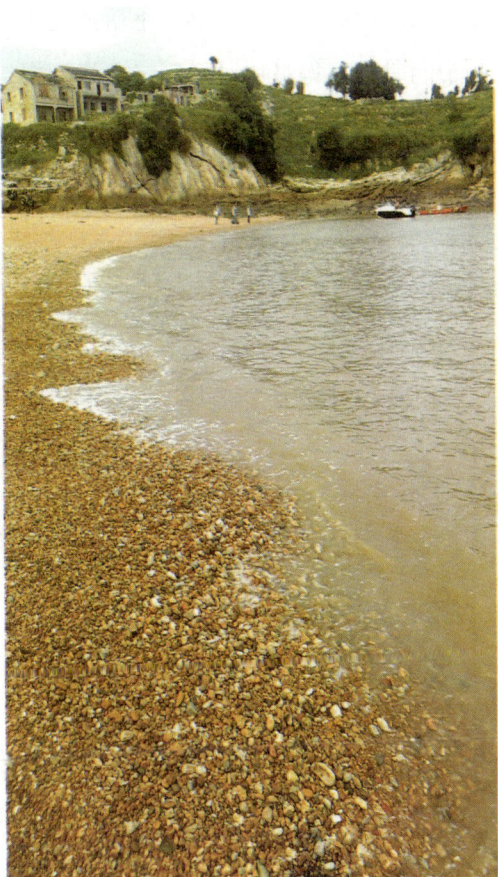

🔍 低潮

化的时间过程。

海面升到最高位置时，称为高潮，海面降到最低位置时，称为低潮。

低潮过后潮位上涨，上涨速度由慢到快，到低潮和高潮的中间时刻涨得最快，然后上涨速度又由快到慢，一直到高潮。这时，在一个短时间内，出现海面不涨不落的现象，叫作平潮。取平潮的中间时刻为高潮时，平潮时的潮高就称为潮高；从低潮到高潮的过程，称为涨潮。高潮过后，潮位下落，下落速度由慢到快。同样，到低潮和高潮的中间时刻落得最快，然后又由快到慢，一直到低潮。这时，在一个短时间内，又出现海面不涨不落的现象，称为停潮。

（1）海岸

海岸指海洋和陆地相互接触和相互作用的地带，包括遭受波浪为主的海水动力作用的广阔范围，即从波浪所能作用到的深度（波浪基面），向陆延至暴风浪所能达到的地带。它的宽度可从几十米到几十千米，一般可分为上部地带，中部地带（潮间带）和下部地带三个部分。

（2）水尺

水尺指应用与江河、湖泊、水库、水电站、灌区直接观察水位的尺杆。它具有观测直观、容易辨别、使用方便、使用寿命长、抗腐蚀性能好、经久耐用、永不退色等优点。

（3）潮位曲线

潮位曲线是表示潮汐涨落过程的图解，也是表示潮位变化的曲线，通常是以横坐标表示时间，纵坐标表示潮位。潮位曲线在正常潮汐涨落情况下近似于正弦曲线。

10 潮涨与潮落

🔍 潮涨潮落

　　从高潮到低潮的过程，称为落潮。停潮过后，海面又开始上涨。就这样，由涨潮转为落潮，由落潮转为涨潮，日复一日，年复一年，循环往复，海水涨落不停，这就是潮位随时间变化的基本轮廓。

　　人们习惯地把海面的一涨一落两个过程叫作一个潮，或称为一个潮汐循环。在一个潮汐循环中，高潮与前一个低潮的潮位差称涨潮潮差，与后一个低潮的潮位差称落潮潮差。涨潮潮差与落潮潮差的平均值就是这个潮汐循环的潮差。

涨潮所经过的时间称为涨潮历时。很明显，涨潮历时等于高潮时减去前一个低潮时。落潮所经过的时间称为落潮历时。落潮历时等于后一个低潮时减去下一个高潮时。涨潮历时和落潮历时之和就是这个潮汐循环的周期。

有些地区（例如中国的温州港）在一天中，海面大约有两涨两落，也就是说有两个潮汐循环。一个潮汐循环的周期大约为半天，这种潮汐称为半日潮。而有些地区（如中国海南岛西部濒临北部湾的洋浦港）在一天时间内，海面大约只有一涨一落，即一个潮汐循环的周期大约为一天，这种潮汐称为全日潮。总之，各地的潮汐情况各不相同，可分为半日潮、全日潮和混合潮三大类型。

（1）潮位

潮位受潮汐影响周期性涨落的水位称潮位，又称潮水位，中国通常以黄海基面作为水位高程的零点。

（2）温州港

温州港位于我国东南沿海，北邻宁波港，南毗福州港，东南与台湾的高雄、基隆港隔海相望，居于以上海浦东为龙头的长江三角洲经济区内，拥有350千米海岸线，地理位置优越，是浙南地区南北沿海海运、远洋运输的中心枢纽，也是我国沿海25个主要港口之一，在全国综合运输网中居于重要地位。

（3）洋浦港

洋浦港位于海南省儋州市。洋浦港水域由新英湾和洋浦湾组成。新英湾是洋浦港的内湾，口窄里阔，水域面积近450万平方米；洋浦湾西临北部湾，东南北三面由玄武岩地环抱，湾口南北有大小珊瑚岛和洋浦鼻形成天然屏障。

11
巧用潮汐能

　　海洋潮汐现象，无论发生在什么地方，总是从两个方面表现出来。一方面是海面的高度发生不断的变化，即海水垂直方向上的升降运动，时高时低的海面使海水具有位能。另一方面，汹涌的潮水，排空而来，即海水向水平方向的运动，流动的海水又产生动能。而海水的涨落和潮流的流动，永远是一起产生，一起存在，一起变化，不可分离的。

　　潮位的涨落和潮流的流动使海水中蕴藏着巨大的势能（位能）和动能，这就是可以开发的一种海洋能——潮汐能。潮汐能是取之不尽的。据科学家估计，地球上的潮汐能有30亿千瓦，其中可以开发发电的为2200亿度。地球上因潮汐涨落而没有被利用的能量比目前世界上所有的水力发电量还要多100倍。

　　潮汐能量的大小受海岸地形、地理位置的影响。潮汐能在海水深度不大、狭窄的浅海港湾是相当可观的，而在三角洲河口的涌潮的能量就更为可观了。如果把举世闻名的钱塘江涌潮的能量用来发电，发电量可达到三门峡水电站的1/2。

🔍 海洋

（1）浅海

浅海是指大陆周围较平坦的浅水海域，其平均宽度75千米，深度从数十米到几百米不等，平均130米左右。浅海带沉积物来源十分丰富，加上浅海带生物丰富，浅海成了最重要的沉积场所。

（2）势能

势能是指物体由于位置或位形而具有的能量。它是储存于一个系统内的能量，也可以释放或者转化为其他形式的能量。

（3）三门峡水电站

三门峡水电站位于黄河中游下段的干流上，连接豫、晋两省。其右岸为河南省三门峡市湖滨区高庙乡，左岸为山西省平陆县三门乡。河中石岛屹立，将河流分成三股：鬼门河、神门河与人门河，故名三门峡。

12
千斤石梁如何托起

很早以前，潮汐能就被沿海的人们用来车水、推磨、锯木和搬运重物。例如中国的太平洋沿岸和英国、西班牙的大西洋沿岸，有相当多的地方是利用涨潮落潮的水位差来推动磨车，碾磨谷物的。

在中国福建泉州市的东北与惠安县交界的洛阳江上，有一座著名的梁架式古石桥——洛阳桥，它建于宋皇五年到嘉靖四年（1053—1059）。当我们游览参观这座至今保存完好的古桥时，一定会惊讶地提出，在900多年前的科学技术条件下，数十吨重的大石梁是怎么架到桥墩上去的呢？说来很简单，当时的能工巧匠巧妙地利用了潮汐能。他们事先将石梁放在木浮排上，趁涨潮的时候，把木排驶入两桥墩之间。随着涨潮，潮水把石梁慢慢高举，当临近高潮石梁超过桥墩时，用不着花多少力气就可以把石梁扶正对准桥墩，待落潮一到，大石梁就稳稳地就位于桥墩上了。泉州的大潮潮差可达6米以上，高举大石梁对于巨大的潮汐能来说，简直不费吹灰之力。

以上讲的是直接利用潮汐能的方法，也就是将潮汐中蕴藏的势能和动能直接转变为另一种形式的机械能做功。这样的利用方式，既不方便，又大材小用。所以利用潮汐发电，将潮汐能转变成电能，是当今和未来人们奋斗的目标。

潮汐能

（1）大西洋

　　大西洋是世界第二大洋，占地球表面积的近20%，面积为7676万2千平方千米，平均深度3627米，最深处波多黎各海沟深达8605米。从赤道南北分为北大西洋和南大西洋。北面连接北冰洋，南面则以南纬66°与南冰洋接连，东面为欧洲和非洲，而西面为美洲。

（2）木浮排

　　木浮排又称木筏、古称桴，是指用绳索将多根原木、原条或竹材编扎成一定形状，利用自身浮力在水上运输的组合体。它是木材水运的一种主要方式。中国早在春秋时代就有利用木排运送竹、木材和作为交通工具的记载。

（3）桥墩

　　在两孔和两孔以上的桥梁中，除两端与路堤衔接的桥台外，其余的中间支撑结构称为桥墩。桥墩分为实体墩、柱式墩和排架墩等，按平面形状可分为矩形墩、尖端形墩、圆形墩等。建筑桥墩的材料可用木料、石料、混凝土、钢筋混凝土、钢材等。

13
潮汐动力学理论

1775年，法国著名科学家拉普拉斯开创了潮汐动力学理论，这是海洋潮汐研究的一个里程碑。此后的200多年内，特别是近30多年来，由于科学技术的发展，潮汐能的开发，使潮汐理论日臻完善。

潮汐动力学理论认为，海洋潮汐现象是在月球和太阳引潮力的作用下，海水的一种强迫振动。

这种振动形成了一个长周期的波动称为潮波。潮波在大洋（如太平洋、大西洋、印度洋等）中产生，传播到世界各海港湾（如黄海、东海、南海，北部湾等）。潮波波峰到达之处，形成高潮；波谷到达之处，形成低潮。潮波传到近岸，由于海底地形、海岸形状、海水深度的影响，以及地球自转、地壳潮汐、大气潮汐的作用，发生了一系列的变化，从而形成千姿百态的潮汐现象。

在潮汐能的开发利用中，人们最关切的问题是海区的潮差和潮时。因为潮差的大小直接反映了潮汐能量的大小，潮差大的海区开发价值人，反之就小。潮差的大小还直接关系到潮汐电站工程的设计、施工等一系列技术问题。潮时的情况在潮汐能的开发利用中也是十分重要的。特别是在潮汐发电站建成后，潮时直接关系到潮汐发电站的操作运行，以及发电量的大小、发电的稳定性等一系列技术问题和经济效益问题。

🔍 碧海蓝天

（1）潮汐动力学理论

潮汐动力学理论是根据流体动力学的原理和方法，研究海洋中的潮波，即由引潮力所引起的长波运动的一种潮汐理论。这个理论一直是围绕着拉普拉斯潮汐方程的求解问题而发展起来的。

（2）地球自转

地球自转指地球绕自转轴自西向东的转动，从北极点上空看呈逆时针旋转，从南极点上空看呈顺时针旋转。地球自转一周耗时23小时56分4秒。

（3）大气潮汐

大气潮汐是由月球的引力作用，以及太阳的引力和热力作用所引起的大气压的周期性涨落现象。地球上最接近太阳或月球的一边，比远离这些星球的另一边所受到的引力要大。因此，每当地球绕地轴转动一周时，地球上任一指定地点，都交替地处于较强和较弱的引力作用之下。

14
共振的力量

　　由于各海区形状、水深等自然地理条件的差别，使各海区中海水的振动频率各不相同，当某海区海水的振动频率与潮波频率接近或相等时，就会发生共振现象，因此这里的潮差特别大，反之就小一些。地形复杂的海区，即使是相距很近的港口，潮汐性质差别也很大；同纬度上的海区潮汐现象也各不相同。加拿大芬地湾，为什么是世界潮差最大的海区呢？它的最大潮差可达19.6米，这就是由于海区海水的振动频率与大洋潮波的振动频率接近或相等造成的。芬地湾长约270千米，平均深度约70米，海水振动周期为11.5小时，与半日潮波的周期比较接近，于是发生共振，从而产生很大的潮差。

　　此外，潮差大小还与海岸地形、海底地形变化有关。世界上一些喇叭形的河口地区所出现的涌潮现象，例如扬名中外的钱塘江大潮就是涌潮的典型例子。潮波进入杭州湾，由于两岸急骤变窄，水深急剧变浅，大块水体的能量高度集中在狭窄的水道中，同时潮波进入浅水后，传播速度受到水深影响，使潮峰的速度远远大于潮谷的速度，到一定时候，潮峰追上了潮谷，潮波前坡趋于陡立，并发生倾倒和破碎，那时，潮声如雷，似万马奔腾，滚滚而来，就形成了钱塘潮涌的壮观景象。

🔍 潮差大小与海岸地形、海底地形变化有关

（1）振动频率

振动频率是指振动物体在单位时间内的振动次数，常用符号"f"表示，频率的单位为次/秒，又称赫兹，振动频率表示物体振动的快慢。

（2）共振现象

共振现象是指一个物理系统在特定频率下，以最大振幅做振动的情形。这个特定频率称之为共振频率。自然中有许多地方有共振的现象，如：乐器的音响共振、太阳系一些类木行星的卫星之间的轨道共振、动物耳中基底膜的共振和电路的共振等。

（3）芬地湾

芬地湾位于北美洲的东北部（加拿大与美国东北部间），总长度达到170多千米开口向南，其他三面都有陆地包围着，是一个典型的三角形海湾。芬地湾湾口宽约100千米，向里逐渐收缩，最后分差为两个狭长的小海湾。

15

潮汐发电原理

　　潮汐发电是利用潮汐能的一种基本方式。潮汐发电原理与河流水力发电的原理是相似的，可以分成两种形式：一种是利用潮流的动力推动水轮机，水轮机带动发电机发电，称为潮流发电；另一种是潮位发电，就是在河口、海湾处修筑堤坝，形成一个水库，涨潮时打开堤坝的闸门，让海水涌入水库，落潮时将闸门关闭，造成坝内坝外有一个水位差（落差），就像河流水库开闸发电一样，利用落差的势能，从而推动水轮机发电机组发电。

　　不难看出，潮汐势能的大小与潮差有关，潮差越大，潮汐电站的可能装机容量就越大，发电量也相应增加。此外，潮汐势能的大小还与水库面积有关。如果想得到较大的发电量，就要修筑大水库。同时，潮汐电站的地址也应该选择在潮差最大的地方（海湾和河口处）。当然，潮汐电站的建设还有其他因素的影响，必须进行综合评价，综合规划，才能得到最大的经济效益。

（1）海湾

海湾是一片三面环陆，另一面为海的海洋，有"U"形及圆弧形等，通常以湾口附近两个对应海角的连线作为海湾最外部的分界线。与海湾相对的是三面环海的海岬。海湾所占的面积一般比峡湾大。

（2）河口

河口是指河流的终段，是河流和受水体的结合地段。受水体可能是海洋、湖泊、水库和河流等，因而河口可分为入海河口、入湖河口、入库河口和支流河口等。

（3）潮差

潮差是指在一个潮汐周期内，相邻高潮位与低潮位间的差值。潮差大小受引潮力、地形和其他条件的影响，随时间及地点而不同。中国沿海潮差分布的趋势是东海沿岸最大，渤海、黄海次之，南海最小。

水力发电

16
潮汐发电

海水的潮汐运动蕴含着巨大的能量，在水力发电的基础上，近代又将潮汐能用于发电。

据初步统计，全世界海洋一次涨落循环的能量为 8×10^{12} 千瓦，比世界上所有水电站的发电量要大出100倍，全世界的潮汐能约30亿千瓦，是目前全球发电能力的1.6倍。

据测量得知，世界上所有深海，例如太平洋、大西洋、印度洋等，潮汐能量并不大，总共只有100万千瓦，平均3瓦/平方千米。而浅海及狭窄的海湾却包含有巨大的潮汐能，例如英吉利海峡有8000万千瓦、马六甲海峡有5500万千瓦、黄海5500万千瓦，芬地湾2000万千瓦等。因此，一般潮汐电站都选择在海湾潮差大的地方。

世界上最大的潮汐电站是法国的朗斯潮汐发电站。在法国的西南部，面对着英吉利海峡的圣马洛湾内，有一条长约100千米的小小的朗斯河注流入海。约20多千米长的朗斯河口区宛如一个内海，宽广的水域面积达2200公顷，来自大西洋的潮波，涌进朗斯河口，潮位陡然上涨，成为世界上潮差较大的区域之一，最大潮差可达13.5米，最小也有5米，平均8.5米，每天两涨两落，属于半日潮区。水库建在最窄处的花岗岩基岩上，坝高12米，宽38米，全长750多米，面积22平方千米，涨潮平均进水量在1亿立方米以上。朗斯潮汐发电站于1966年8月建成，安装有24台单机容量为1万千瓦的双向贯流式水轮发电机组，总装机容量为24万千瓦，每年发电量达5亿度以上。

🔍 水力发电站

（1）英吉利海峡

英吉利海峡是分隔英国与欧洲大陆的法国、并连接大西洋与北海的海峡。海峡长560千米，宽240千米，最狭窄处又称多佛尔海峡，仅宽34千米。

（2）黄海

黄海是太平洋西部的一个边缘海，位于中国大陆与朝鲜半岛之间。黄海平均水深44米，海底平缓，为东亚大陆架的一部分。注入黄海的主要河流有鸭绿江、大同江、汉江、淮河等，主要沿海城市有大连、丹东、首尔、青岛、烟台、连云港等。

（3）基岩

基岩是指地球陆地表面疏松物质（土壤和底土）底下的坚硬岩层。风化作用发生以后，原来高温高压下形成的矿物被破坏，形成一些在常温常压下较稳定的新矿物，构成陆壳表层风化层，风化层之下的完整的岩石称为基岩，露出地表的基岩称为露头。

17
中国最早的潮汐电站

　　20世纪50年代末，中国浙江省开始建起小型潮汐电站，1961年在温岭县建成一座40千瓦的沙山潮汐电站。全国沿海曾先后建成60座潮汐发电站，目前正常运转的有7座，每年可发电约1000多万千瓦时，其中规模最大的浙江省温岭的江厦潮汐发电站装机容量为3900千瓦，在世界上排第三位。

　　温岭县濒临东海，岛屿众多，港湾交错。广阔无垠的太平洋的潮波经过中国台湾省和日本的九州、琉球群岛一线，汹涌东来，温岭县沿海首当其冲，所以这里的潮汐现象十分显著，是中国潮差较大的半日潮区。

　　江厦潮汐试验电站，自1980年5月4日正式发电以来，已并入电网，为温岭地区的用电作出了贡献。据普查结果，如果中国沿海可开发的潮汐能都利用起来的话，年发电量将达到600亿～800亿千瓦，相当于现在每年全国发电总量的7％～8％。中国海岸线长达1.8万千米，岛屿岸线长1.4万千米，而且港湾交错，蕴藏着极其丰富的海洋潮汐能源，如果把中国潮汐能源利用起来，每年可以得到电量3000亿千瓦。

🔍 新安江水电站

（1）江厦潮汐发电站

江厦潮汐发电站，中国第一座双向潮汐电站，位于浙江省温岭市乐清湾北端江厦港。1980年5月第一台机组投产发电。电站设计安装6台500千瓦双向灯泡贯流式水轮发电机组，总装机容量3000千瓦，可昼夜发电14～15小时，每年可向电网提供1000多万千瓦时电能。

（2）九州岛

九州岛，日本第三大岛，位于日本西南端，东北隔关门海峡与本州岛相对，东隔丰予海峡和丰后水道与四国岛相望，东南临太平洋，西北隔朝鲜海峡与韩国为邻，西隔黄海、东海与中国遥对。主岛面积3.65万平方千米，连同所属小岛面积约4.34万平方千米，仅次于本州和北海道。

（3）琉球群岛

琉球群岛是太平洋的一系列岛屿，位于台湾与日本之间。钓鱼群岛（钓鱼台列屿）不属于琉球群岛范围之内。到目前为止，琉球群岛中南部一直处于日本托管之下，但主权不属于日本。

18
潮汐发电站的形式

潮汐发电站的形式可有两种分类方法。

第一种，按照电站的运行方式来分，可分单向和双向两种。

单向潮汐发电站只利用涨潮进水或落潮放水时，水库内外的水位差发电。浙江岳浦潮汐电站就是这种形式的电站。它位于象山县的南田岛上，总装机容量为300千瓦，1972年建成投产后至1981年共发电56万度，为岛上人民提供了大量的用电。

双向潮汐发电站就是指涨潮进水和落潮放水时都用来发电，它的发电时间长，发电量比单向的大，但电站投资较高。广东省的镇口潮汐电站就是双向潮汐发电站。

第二种，按照电站水库的布置形式来分，可分成单库式和双库式。

双库式潮汐电站有一个高水位水库，一个低水位水库，高低库之间有拦水坝，电站修筑在高低水库之间。当涨潮时的潮位高于高库水位，高库闸门打开，高库进水，水位增高；此时低库闸门关闭，水位不变。当高低库水位达到一定落差时，开启电站闸门，水从高库流向低库，驱动水轮发电机组发电。过了高潮，当海面下降到与高库水位相等时，关闭高库闸门。那时，高库、低库仍保持一定落差继续发电。当潮位降落到低于低库水位时，打开低库闸门，低库水外流，水位下降，使高低库之间还保持一定落差继续发电。海面经过低潮开始回升到与低库水位相等时，关闭低库闸门。海面升到等于高库水位时，打开高库闸门，在这段时间内，高低库之间仍保持一定落差继续发电。

新安江水电站全景

（1）南田岛

南田岛又名牛头山，位于石浦镇南3千米处，西邻高塘岛，两岛与大陆岸线构成的天然港池，即为著名的石浦渔港。全岛面积84.38 平方千米，平地占1/3，最高点大片山海拔405.4米，为宁波市第一大岛。

（2）闸门

闸门是指用于关闭和开放（泄放）水通道的控制设施，是水工建筑物的重要组成部分，可用以拦截水流，控制水位、调节流量、排放泥沙和飘浮物等。

（3）水轮发电机组

水轮发电机组指由水轮机驱动的发电机组。水轮发电机的转子直径大而长度短，水轮发电机组起动、并网所需时间较短，运行调度灵活，它除了一般发电以外，特别适宜于作为调峰机组和事故备用机组。

19

潮汐电站的组成

所有潮汐发电站，不管什么形式，大体上总是由三部分组成：

第一部分为坝体，用来阻拦海水，以形成水库，是发电站的主体部分。坝体的长度和高度根据当地的地理条件和潮差大小来决定。因为潮差不会很大，所以坝体的高度一般要比河流水力发电站的拦河坝低。

第二部分为引水系统，由各种闸门、引水渠道组成。它的主要作用是造成水库水面和海面，以及高低库之间的落差，这样才能推动水轮发电机组发电。

第三部分是以水轮发电机组为主体的发电设备和输电线路。发电设备安装在坝体的水下部位，是发电站的心脏。发电设备的安装常常是在现场水下施工。

法国朗斯河口的潮汐发电站，它的钢筋混凝土大坝全长750米，电站内使用先进的多功能的灯泡型贯流式电机组，它的叶桨方向能自动调节，实施双向运行。在涨潮高峰和落潮低谷时，电机组能以抽水来增加水位落差，从而增加发电量。

水力发电的组成

（1）水库

水库是指在山沟或河流的狭口处建造拦河坝形成的人工湖泊。水库建成后，可起防洪、蓄水灌溉、供水、发电、养鱼等作用。有时天然湖泊也称为水库（天然水库）。水库规模通常按库容大小划分，分为小型、中型、大型等。

（2）法国朗斯河

法国朗斯河，法国西部河流，源出北滨海省梅内山岭，全长97千米，流经迪南，在英吉利海峡岸布列塔尼半岛上的圣马洛形成河口湾。河口湾有世界上第一个大型潮汐发电站。

（3）钢筋混凝土

钢筋混凝土是指通过在混凝土中加入钢筋与之共同工作来改善混凝土力学性质的一种组合材料。

20
大有潜力的潮汐发电

　　在利用海洋能发电方面，潮汐发电可以称得上是"老大哥"了。早在1913年，法国就在诺德斯特兰岛和大陆之间长达2.6千米的铁路坝上，建立了一座潮汐发电站，并且取得了世界上第一次潮汐发电试验的成功。潮汐发电80多年以来，前50年进展不大，自20世纪60年代开始，潮汐发电在世界范围内才有了比较迅速的发展。目前，潮汐发电正处在由试验性发电转向商业性发电的时期。从规模上看，已经开始由中小型向大型化发展。从发电研究工作看，已经跨越了原理性、可行性的研究阶段，已转入重点研究工程中的一些实质性技术问题，如工程的防腐防污、高效率水轮发电机组设计，以及以减少发电波动、提高发电质量、降低发电成本、缩减工程投资为中心的各项研究，同时开始进行预后性研究，即潮汐发电站建成后存在的一些问题的探讨，如对海洋环境和生态平衡的影响、潮汐发电站的水库淤积和综合利用等。

（1）海洋环境

　　海洋环境是指地球上海和洋的总水域，按照海洋环境的区域性可分为河口、海湾、近海、外海和大洋等，按照海洋环境要素可分为海水、沉积物、海洋生物和海面上空大气等。

（2）生态平衡

生态平衡是指在一定时间内生态系统中的生物和环境之间、生物各个种群之间，通过能量流动、物质循环和信息传递，使它们相互之间达到高度适应、协调和统一的状态。在生态系统内部，生产者、消费者、分解者和非生物环境之间，在一定时间内保持能量与物质输入、输出动态的相对稳定状态。

（3）水库淤积

水库淤积是指水流进入库区后，由于水深沿流程增加，水面坡度和流速沿流程减小，因而水流挟沙能力沿流程降低，出现泥沙淤积。

海洋环境

21
潮汐电站的现状与设想

潮汐发电在世界各国发展很不平衡，法国、俄罗斯、英国、加拿大等国发展较快，并取得了一些成就。

中国有不少海湾河口可以建设潮汐电站，其中最引人注目的有杭州湾潮汐电站方案，其计划装机容量450万千瓦，年发电量180亿度以上。其次为长江北口潮汐电站方案和浙江乐清湾潮汐电站方案，装机容量都在50万千瓦级以上。

展望潮汐发电的未来，人们还有更大胆的设想。对于潮差小的地区，是否可以人工造成大潮差，利用某些港湾内的有利条件、复杂的地形，有意识地加以改造，使海湾内海水的振动周期与大洋潮汐的振动周期接近或相同，人为地造成共振，而产生大潮差。

人们的这种设想，不是幻想，应该说还是有一定科学依据的。一个有趣的事实可以佐证这个设想的现实性和科学性。在杭州的浙江博物馆内，陈列着一件汉代的铜器喷水鱼洗，其形状和大小似一只大号钢精铝锅。当鱼洗内盛上水，用手轻轻摩擦它的双耳，就发出嗡嗡声，鱼洗内的水先是产生微波，然后是巨波，然后水波跃起数十厘米高，这岂不成了海湾中海水引起共振的一个小小的模拟试验？伟大的科学发现和创举，常常是从看来不可能的事情开始的。

（1）乐清湾

乐清湾位于浙江南部瓯江入海口北侧，原为潮流通道形港湾。乐清湾的潮差较大，一次大潮的进潮总量达2.13×10^9立方米，湾内有适宜于建立潮汐电站的坝址。

（2）装机容量

装机容量是指水电站全部机组额定出力的总和，以千瓦（KW）、兆瓦（MW）、吉瓦（GW）计。电力系统的总装机容量是指该系统实际安装的发电机组额定有功功率的总和。

（3）海湾

海湾是一片三面环陆的海洋，另一面为海，有U形及圆弧形等，通常以湾口附近两个对应海角的连线作为海湾最外部的分界线。与海湾相对的是三面环海的海岬。海湾所占的面积一般比峡湾为大。

乐清湾日出

未来的潮汐发电站（一）

　　目前的潮汐发电站有一个共同的弱点，即必须选择有港湾的地方修筑蓄水坝，建坝的造价昂贵，还可能损坏生态自然环境，同时又有泥沙淤积库内，必须经常清理。能否不建筑蓄水坝，在没有海湾的广大沿海地区也能利用潮汐能呢？这是长期以来许多科学家绞尽脑汁想解决的问题。

　　西班牙科学家安东尼·伊尔温斯·阿尔瓦发明了不用建筑蓄水坝就可以利用潮汐发电的技术。虽然从发明到实施还会有一段过程，但他已使潮汐能的开发利用产生了革命性的变化。

　　阿尔瓦发明的新式潮汐发电系统中的一个关键设备是固定在浅海底地基上的一个中空容器。这个中空容器有点像一个抽水机的泵，其中有一个活塞。在活塞上有一根很长的连杆和浮在海面上的一个悬浮的平板相连，悬浮的平板随潮汐的涨落上下运动，并带动中空容器内的活塞上下运动。

　　在涨潮时，活塞处于容器的顶部。当潮水下落时，容器上边的一个空气阀被打开，通过一根通气管和海面上的大气相通。与此同时，处于容器上方的一个进水阀也被打开，这样，水就可以流动，海水就经过涡轮发电机流进容器，水连续流动带动涡轮发电机发电。

水坝

（1）抽水机

抽水机是利用大气压的作用，将水从低处提升至高处的水力机械。它由水泵、动力机械与传动装置组成。它广泛应用于农田灌溉、排水以及工矿企业与城镇的给水、排水。

（2）活塞

活塞是指在压缩机和泵中，在外力作用下对缸体内的流体施加压力，以引起流体流动和提高其压力。在液压缸中，活塞在压力油的推动下做功。活塞的封闭端面承受工作流体的压力，并与缸盖、缸壁构成燃烧室或压缩容积。

（3）阀门

阀门是流体输送系统中的控制部件，具有截止、调节、导流、防止逆流、稳压、分流或溢流泄压等功能。阀门可用于控制空气、水、蒸汽、各种腐蚀性介质、泥浆、油品、液态金属和放射性介质等各种类型流体的流动。

23
未来的潮汐发电站（二）

当潮水又一次上涨时，悬浮的平板浮体带动活塞随潮水向上运动，此刻，容器的上下两个空气阀门自动关闭，容器顶部的出水阀同时打开，于是容器内的水在活塞的推动下流出。在潮水涨到最高位时，活塞再次被浮体带到容器顶部，这时出水口又自动关闭。此后整个系统准备随潮水的下落，重新开始发电。

阿尔瓦花了3年时间构想这种新式潮汐发电装置，这个装置的实验

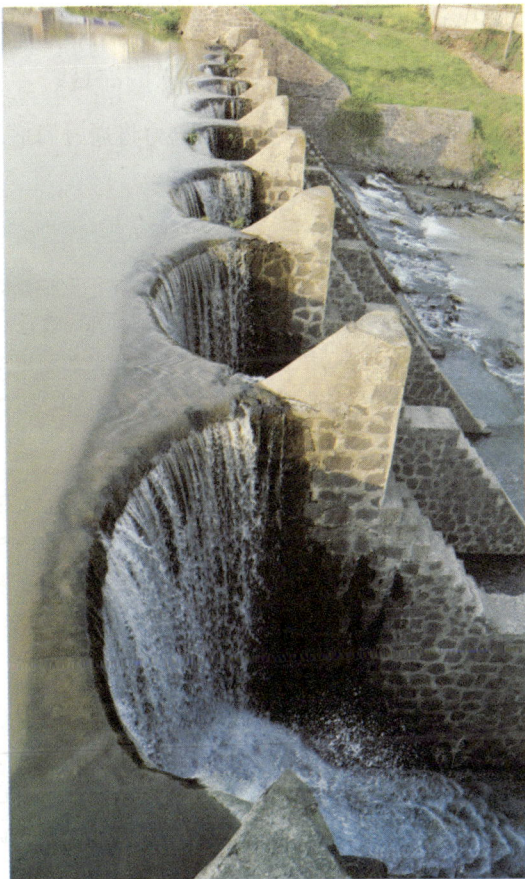
🔎 蓄水坝

性原型机可以产生1兆瓦的电力，用6个月就可以建成并投产，它的维护费用低，所以将来的发电成本也较低。而且因不需要建筑蓄水坝，对自然景观和环境不会有较大的影响。

阿尔瓦准备再设计一个1000兆瓦的潮汐发电站，预计用3年建成，其造价仅为西班牙第一座发电量相同的核电站的一半。

新的潮汐发电站装置的中空容器固定在200米深处的海底地基上，地基是水泥和耐蚀金属制成的复合材料。在200米深处，海洋生物很稀少，对海洋生态不会有多大影响。为了不干扰沿岸游客的旅游观光，整个装置将设在离海岸3000米的海域。一座1兆瓦的潮汐发电站约占5000平方米的海面，发出的电力将通过海底电缆输送到岸上。

（1）核电站

核电站是利用核裂变或核聚变反应所释放的能量产生电能的发电厂。目前商业运转中的核能发电厂都是利用核裂变反应而发电的。核电站一般分为两类：利用原子核裂变生产蒸汽的核岛和利用蒸汽发电的常规岛，使用的燃料一般是放射性重金属铀、钚。

（2）复合材料

复合材料是由两种或两种以上不同性质的材料通过物理或化学的方法，在宏观上组成具有新性能的材料。各种材料在性能上互相取长补短，产生协同效应，使复合材料的综合性能优于原组成材料而满足各种不同的要求。

（3）海底电缆

海底电缆是用绝缘材料包裹的导线，铺设在海底，用于电信传输。海底电缆分海底通信电缆和海底电力电缆。现代的海底电缆都是使用光纤作为材料，传输电话和互联网信号。全世界第一条海底电缆是1850年在英国和法国之间铺设的。

24
惊涛裂岸的海浪

"乱石崩云，惊涛裂岸，卷起千堆雪。"

浩瀚的大海，时而白浪滔天，时而碧波荡漾，几乎没有平静的时候。大浪时，浪高数十米，黑黝黝的巨浪像一座小山铺天盖地而来。万吨巨轮像一叶扁舟，时而被海浪举得高高的，时而又被海浪轻轻地

🔎 惊涛裂岸的海浪

按下，颠簸于浪涛之中。

海浪按其发生、发展的不同，可分为风浪、涌浪、近岸浪等。

俗话说，无风不起浪。它说出了风浪产生的条件和原因，海岸中最常见的海浪是由风产生的。在风的直接吹拂下，水面出现的波动称为风浪。风对海水的压力以及与海面的摩擦力是风浪产生的原动力，所以风浪的能量直接来源于风能。

风浪传到无风的海区或者风停息以后的余波称为涌浪。涌浪传到浅水区，由于受到水深变化的影响，出现折射、波面破碎和倒卷，海面白浪翻滚，海边浪花飞溅，这种浪称为近岸浪。

（1）风浪

风浪是在风直接作用下产生的水面波动。风浪中同时出现许多高低长短不等的波，波面较陡，波峰附近通常有浪花或大片泡沫，此起彼伏，瞬息万变。

（2）折射

光从一种透明介质斜射入另一种透明介质时，传播方向一般会发生变化，这种现象叫光的折射。

（3）波面破碎

波面破碎是指波浪发生显著变形，波峰水质点水平分速达到或超过波速，使波形发生破碎的现象。

25
风吹海浪涌

🔍 风吹海浪涌

　　风大浪也大，这是人们都知道的常识。但是，风浪的大小是由各方面因素决定的。除了风速（风的大小），还和风时（风向某一方向吹刮的时间）、风区（风历经海区的吹程）有密切关系。

　　例如，中国河北省的海岸是东北至西南方向的。当刮东风或偏东风时，由于风来自北黄海，风时久，风区长，波浪就较大。当刮西风或偏西风时，尤其是初刮偏西风时，风时短，风区小，风浪得不到发展，波浪就较小，所以当地有"刮东风，浪滔滔；刮西风，波微微"之说。

有时，海上风和日丽，海面却是巨浪如山，原来经过一定方向的风长期吹刮的风浪，成长、发展到一定阶段后，风虽然停止了，波浪却不能立即停止，仍然不断地在继续向前传播着。当传播到无风的海区后，这个海区也会产生波浪。"风停浪不停，无风浪也行"就是指这种情况。

除了风作用下引起的海面波动外，还有由月球和太阳引潮力引起的潮波；火山爆发和海底地震等原因引起的海啸；由于海面气压的突然变化引起的气象海啸；出现在海水内部上下层密度不同界面上的内波等。

（1）火山爆发

火山爆发是地壳运动的一种表现形式，是岩浆等喷出物在短时间内从火山口向地表的释放，也是地球内部热能在地表的一种最强烈的显示。由于岩浆中含大量挥发分，加之上覆岩层的围压，使这些挥发分溶解在岩浆中无法溢出，当岩浆上升靠近地表时，压力减小，挥发分急剧被释放出来，于是形成火山喷发。

（2）海底地震

地震是地下岩石突然断裂而发生的急剧运动。岩石圈板块沿边界的相对运动和相互作用是导致海底地震的主要原因。海底地震分布规律和发生机制的研究，是板块构造理论的重要支柱。

（3）海啸

海啸是由水下地震、火山爆发或水下塌陷和滑坡等大地活动造成的海面恶浪，并伴随巨响的自然现象。海啸是一种具有强大破坏力的海浪，是地球上最强大的自然力。

26
海浪力气大无比

海浪有多大"力气"呢?让我们先看几个例子,就可以回答这个
问题了。

1894年,在西班牙的巴布里附近,海浪冲走重达1700吨的大岩
块;1929年,仅北大西洋和北海海区就因风暴而损失600艘大船。有
人做过测试而得出这样的结论:近岸浪对海岸的冲击力每平方米可达

🔎 海浪力气大无比

20～30吨，最大可达60吨。巨大的海浪可把一块13吨的岩石抛到20米的高处，能把1.7万吨的大船推上岸去。

在1967年的阿以战争中，埃及关闭了沟通印度洋和大西洋的苏伊士运河，船舶不得不重新通过"咆哮的好望角航路"。1968年6月，一艘名叫"世界荣誉"号的巨型油轮装载着约4.9万吨原油，从科威特经好望角驶往西班牙。当驶入好望角时，遭到了波高20米的狂浪袭击，浪头从中间将船高高托起，船头和船尾悬在空中，船体变形了，甲板上出现了裂缝，接着，又一个狂浪从船头袭来，就像折断一根木棍一样把轮船折成两段，船沉没了。

（1）风暴

风暴泛指强烈天气系统过境时出现的天气过程，特指伴有强风或强降水的天气系统，例如：雷暴、飑线、龙卷风（海上的称为龙吸水）、台风、热带气旋、热带风暴等。

（2）苏伊士运河

苏伊士运河于1869年修筑通航，是一条海平面的水道，在埃及贯通苏伊士地峡，连接地中海与红海，提供从欧洲至印度洋和西太平洋附近土地的最近的航线。它是世界使用最频繁的航线之一，也是亚洲与非洲的交界线，是亚洲与非洲人民来往的主要通道。

（3）好望角

好望角位于大西洋和印度洋的汇合处。强劲的西风急流掀起的惊涛骇浪常年不断，这里除风暴危害外，还常常有"杀人浪"出现，航行到这里的船舶往往遭难。因此，这里成为世界上最危险的航海地段。

27
波浪能分布不均匀

🔍 波浪能分布不均匀

　　如果人类驾驭了海浪，这也是一种可观的能源。海浪的能量蕴藏在无数海水质点的运动当中，它可以科学地计算出来。海浪的能量与周期（T）、与波高（H）都有关系。周期长，波高高的海浪，能量就大，尤其波高对海浪能的影响最大。实际上，海浪时高时低，大小不一，分布也杂乱无章。

　　中国海区的有效波高为1米，周期为5秒，那1米宽的海浪可产生功率为2.5千瓦。如果有效波高为3米，周期为7秒，则1米宽海浪可产生的功率迅速增加到31千瓦。

据估计，全世界的波浪能约为30亿千瓦，其中可利用的能量约占1/3。不同地域的波浪并不一样，南半球的波浪比北半球大，如夏威夷以南、澳大利亚、南美和南非海域的波浪能较大。北半球主要分布在太平洋和大西洋北部北纬30°～50°之间。中国沿海的波浪能分布也是南大于北，年平均波高东海为1～1.5米，南海大于1.5米。据推算，在风力为2～3级的情况下，微浪在1平方米的海面上，就能产生20万千瓦的功率。利用海岸波浪能来发电，可以获得大量电能。

（1）夏威夷

夏威夷是夏威夷群岛中最大的岛屿，地处热带，气候却温和宜人，是世界上旅游工业最发达的地方之一，拥有得天独厚的美丽环境，风光明媚，海滩迷人。在1778年至1898年间，夏威夷被称为"三明治群岛"。

（2）东海

东海是中国三大边缘海之一，是中国岛屿最多的海域，亦称东中国海，是指中国东部长江的长江口外的大片海域，南接台湾海峡，北临黄海，东临太平洋，以琉球群岛为界。濒临中国的沪、浙、闽、台4省市。东海的面积大约是70余万平方千米，平均水深在1000余米，多为水深200米以内的大陆架。

（3）南海

南海是位于中国南部的陆缘海，被中国大陆、中国台湾岛、菲律宾群岛、大巽他群岛及中南半岛所环绕，为西太平洋的一部分。越南称东海、菲律宾称西菲律宾海，其他国家则称为南中国海，亦简称为南海。

28
海浪发电

　　广阔的海洋，风大浪高，巨浪千里，含有巨大的能量。据估计，海浪的能量在1平方千米的海面上，波浪运动每秒钟可有25万千瓦的能量。

　　早在19世纪初，人们就对利用巨大的波浪能产生了浓厚的兴趣，直到20世纪40年代，才有人对波浪发电进行研究和试验；50年代出现了可供应用的波浪发电装置；60年代进入了实用阶段。现在全世界已研制成功几百种不同的波浪发电装置，主要可归纳为4类：

🔎 利用海浪可以发电

1.浮力式：利用海面浮体受波浪上下颠簸引起的运动，通过机械传动带动发电机发电；

2.空气气轮机式：利用波浪的上下运动，产生空气流，以推动空气气轮机发电；

3.波浪整流式：该装置由高水位区、低水位区及不可逆阀门组成，当该装置处于浪峰时，海水由阀门进入高水位区；当它处于波谷时，高水位区的水流向低水位区，再流回海里，这种装置就是利用两水位之间的水流推动小型水轮机工作；

4.液压式：即利用波浪发电装置的上下摆动或转动，带动液压马达，产生高压水流，推动涡轮发电机。

（1）波浪发电

波浪发电的原理主要是将波力转换为压缩空气来驱动空气透平发电机发电。当波浪上升时将空气室中的空气顶上去，被压空气穿过正压水阀室进入正压气缸并驱动发电机轴伸端上的空气透平使发电机发电，当波浪落下时，空气室内形成负压，使大气中的空气被吸入气缸并驱动发电机另一轴伸端上的空气透平使发电机发电，其旋转方向不变。

（2）浮力

公元前245年，阿基米德发现了浮力原理。浸在液体或气体里的物体受到液体或气体向上托的力叫作浮力。

（3）液压马达

液压马达是指输出旋转运动的，将液压泵提供的液压能转变为机械能的能量转换装置。液压马达主要应用于注塑机械、船舶、起扬机、船舶机械、石油化工、港口机械等。

29
波浪发电受青睐

　　波浪发电比其他的发电方式安全，不耗费燃料，清洁而无污染。如果在沿海岸设置一系列波浪发电装置，还可起到防波堤的作用。因此，近年来波浪发电倍受世界各沿海国家的重视。各国纷纷作出规划，投资发展波浪发电，建立波浪发电站。

　　目前，英国和日本在波浪发电方面走在世界前列。日本的大多数航标浮筒、灯桩、灯塔等，都靠波浪发电提供电源。美国海洋能技术

　♀ 波浪发电受青睐

公司近年一直致力于研究一种新的波能发电系统。据报道，他们已成功地研制出一种压电聚合物，这种聚合物在被海洋波浪拉伸时可以产生电能，这种方法有望代替传统的波浪发电系统。

从20世纪70年代中期开始，中国也开始研究波浪能发电技术，现在已经能够生产系列化的小型波浪能发电装置，以作为航标灯、浮标的电源。1985年，中国科学院广州能源研究所研制成功BD-102号波力发电装置，达到世界先进水平，受到世界能源界的瞩目。1990年12月，中国第一座具有实际使用价值的海浪发电站发电试验成功。随后，广东开始着手建造一座20千瓦的波力发电站，另外，中国还在山东、海南等地建造装机容量为100千瓦的波能发电站。

（1）防波堤

防波堤是为阻断波浪的冲击力、围护港池、维持水面平稳以保护港口免受坏天气影响，从而以便船舶安全停泊和作业而修建的水中建筑物。防波堤还可起到防止港池淤积和波浪冲蚀岸线的作用。它是人工掩护的沿海港口的重要组成部分。

（2）航标浮筒

航标浮筒是指浮在水面上的密闭金属筒，下部用铁锚固定，用来系船或做航标等。现在生产的新型浮筒，采用强韧高分子聚乙烯等材料制成，具有良好的抗候性及抗冲击破坏性，能防紫外线、防冻、抗海水化学剂油渍等侵蚀。航标浮筒可随着水潮涨落而自动升降，普遍应用于浮桥、浮码头等水上浮动平台项目的建设。

（3）压电聚合物

压电聚合物是指在一定的压力作用下发生极化而在两端表面间出现电位差的聚合物材料。压电聚合物能够把机械能转变成电能，这种独特性能使其在智能材料系统中得到广泛使用。

30
波浪发电原理

　　波浪发电的原理很简单。这个原理是从使用打气筒给自行车打气而得到启发发明的。打气筒与海浪发电，乍看起来是风马牛不相及的事，它们之间有什么联系呢？

　　1898年，法国科学家弗勒特切尔，从打气筒给自行车打气得到了启发：打气筒一拉一推的简单动作是由人力来完成的，海水的波浪正是上下起伏运动的，这一动作为什么不能让海水的波浪来完成呢？于

🔍 波浪发电原理

是，他设计了一个带有圆柱筒的浮体，用海浪的上下运动压缩圆柱筒内的空气。

弗勒特切尔的这次试验，不是利用海浪给自行车打气，而是去吹动一只哨笛，让它发出如同老牛低沉的吼声。人们把这样的浮体安装在航行有危险的地方，警告来往船只，这就是海上的"警笛浮标"，或称它是"雾号"。它是人们直接利用海浪能的初级形式。在雷达和无线电导航还没有诞生和普遍应用的年代，尤其在伸手不见五指的大雾天气，低沉浑厚、略带"咽"音的雾号，引导船只避开浅滩，绕过暗礁，在导航和发布大浪警报方面立下了不朽的功劳。

（1）雷达

雷达是指利用电磁波探测目标的电子设备。发射电磁波对目标进行照射并接收其回波，由此获得目标至电磁波发射点的距离、距离变化率（径向速度）、方位、高度等信息。

（2）浅滩

浅滩指河床中水面以下的堆积物。浅滩最发育的地段在河床宽阔处或支流河口附近，在这里由于水流速度减缓，泥沙容易淤积。浅滩的发展往往成为航行的障碍。

（3）暗礁

暗礁是指海洋、江河中隆起而不露出水面的岩石，是航行的障碍。为了安全，需在航海图上精确地绘出它的位置，如位于近航线，要在水面设置航标。

31
打气筒原理

自从警雾器诞生以来，世界各个海区都陆续装置使用，从此海浪开始了为航海服务的征程。

既然海浪在圆柱筒内造成的压缩空气能够吹响哨笛，为什么不可以驱动气轮发电机发电呢？

实现这个设想的第一个人是法国的波拉岁奎。他于1910年在法国海边的悬崖处，设置了一座固定垂直管道式的海浪发电装置，并获得了1千瓦的电力。这次成功大大地鼓舞了热心于海浪发电的科学家们。

从此以后，关于利用

🔍 悬崖

海浪发电的设想如雨后春笋，不断涌现。但基本原理仍然是打气筒原理，就是利用波浪的一起一伏的上下垂直运动，推动装有活塞的浮标，这个浮标就像一个倒装的打气筒。打气筒是人从上面一下一下地压活塞，而浮标则是从下面借助波浪的起伏运动一下一下地向上推活塞。由活塞与浮标的相对运动产生的压缩空气就可以推动涡轮机，并带动发电机发电。

目前，世界上已经能生产这种波浪发电的装置，并在海洋中运行。不过，这种波浪发电机的功率比较小，仅有60瓦、500瓦和1000瓦，多用于导航或安装在灯塔上。

（1）悬崖

悬崖是角度垂直或接近角度垂直的暴露岩石，是一种被侵蚀、风化的地形。悬崖常见于海岸、河岸、山区、断崖里。

（2）雨后春笋

雨后春笋指春天下雨后，竹笋一下子就长出来很多，比喻新生事物迅速大量地涌现出来。

（3）导航

导航是引导某一设备，以指定航线从一点运动到另一点的方法。导航分两类：自主式导航，即用飞行器或船舶上的设备导航，有惯性导航、多普勒导航和天文导航等；非自主式导航，即用于飞行器、船舶、汽车等交通设备与有关的地面或空中设备相配合导航，有无线电导航、卫星导航。

32

海浪发电装置翻新（一）

🔍 **蕴含能量的海洋**

　　20世纪80年代以来，海浪发电技术发展很快，发电装置日新月异。下面简要地介绍一些正在试验和应用的部分装置，对海浪发电装置进行大概了解。

　　筏式。这是英国气垫船的发明者库克爱尔设计的一种海浪发电装置，所以又叫库克爱尔式。它是利用漂浮在海面上的，形状如同木筏的浮箱，随海浪上下运动来摄取海浪能。把几个浮箱组成一组，用活动铰链连接在一起。相邻的浮箱之间，一处安装了活塞缸体，另一处安装了活塞杆。浮箱随海浪上下颠簸时，活塞杆在缸体内来回运动，或产生气压推动气轮发电机工作，或像水泵一样把水抽到岸边蓄水库内，然后用水库水位的落差来发电。

鸭式。这种发电装置像一只浮在水面上的鸭子。它的"胸脯"对着海浪传播的方向，随着海浪的波动，像不倒翁一样不停地来回摆动，利用摆动的能量来带动工作泵，推动发电机发电。这种装置是英国坦普尔顿大学肖尔特研究所在20世纪70年代设计成功的，它可以使海浪能量的90%转变成动力，机械效率特别高。

（1）木筏
木筏即用长木材捆扎成的木排，是一种简易的水上交通工具。中国有悠久的航海及造船的历史。考古证明，至少在7000年前，中国已能制造竹筏、木筏和独木舟。

（2）气垫船
气垫船又叫"腾空船"，是一种以空气在船只底部衬垫承托的交通工具。气垫通常是由持续不断供应的低压气体形成。气垫船除了在水上行走外，还可以在某些比较平滑的陆上地形行驶。气垫船是高速行驶船只的一种，行走时因为船身升离水面，船体水阻得到减少，以致行驶速度比用同样功率的船只快。

（3）机械效率
机械效率指有用功与总功的比值，用符号"η"表示。对于机械系统的效率计算，如果系统是由几个机器或机构简单串联而成，则系统的总效率是各个机器或机构效率的乘积。

33
海浪发电装置翻新（二）

空气透平式。它的发电原理就是打气筒的原理。1978年开始发电的日本"海明"号发电船就是这种装置，船上装有9台发电机组，每台机组的发电功率为125千瓦，总功率在1000千瓦以上，是目前海浪发电的世界第一。

聚能式。在岸边建筑起漏斗形的堤坝，把海浪的能量集中到一个很小的宽度上，从而激起几十米甚至上百米高的海浪。然后让这些海水涌入贮水池中，以很大的流速、很大的落差，推动水轮发电机

🔍拦水坝

组工作。在阿尔及尔沿岸已经建造了这样的海浪发电实验装置。

水压式。近岸浪的压力有时可达每平方米几十吨，相当于几十米高的水柱压力。这个压力周期性地拍击着海岸，通过安装在海底的压力传感器内的液体，将压力传递到岸上，利用液体压力驱动液压发电机发电。

水轮式。这是瑞典最近公布的一种新的海浪发电方法，目前正在瑞典哥德堡查尔莫斯工业大学进行模型试验。水轮机随着海浪一高一低，一上一下的变化不停地旋转，从而带动发电机发电。

（1）贮水池

贮水池是指为一定目的而设置的蓄水构筑物。贮水池按用途可分为两类：一类是水处理用池，如沉淀池、冷却池、过滤池等；另一类是供水用池，如清水池、高位水池、调节池等。

（2）传感器

传感器是一种检测装置，能感受到被测量的信息，并能将检测感受到的信息，按一定规律变换成为电信号或其他所需形式的信息输出，以满足信息的传输、处理、存储、显示、记录和控制等要求。它是实现自动检测和自动控制的首要环节。

（3）哥德堡

哥德堡，瑞典西南部海岸著名港口城市，位于卡特加特海峡，约塔运河畔，与丹麦北端隔海相望。哥德堡地处哥本哈根、奥斯陆和斯德哥尔摩三个北欧国家首都的中心，有450多条航线通往世界各地，是北欧的咽喉要道。在哥德堡方圆300千米以内是北欧三国工业最发达的地区，是北欧的工业中心。

34
大海闪烁的"眼睛"

　　黑夜，在黑沉沉的茫茫大海上，人们常常可以看到各种各样的灯光，有红、绿、蓝、橙、白、紫……，有几秒钟一闪的，有一亮一暗的，也有长明不灭的，这就是指引航向的航标灯。这些灯就像大海上闪烁的眼睛，也很像天空中闪烁的星星。

　　航标灯装在浮体上，浮体浮在海面上，锚系在航道两侧或海上航行危险的地方。航标灯的光源，最早使用油灯，后来使用乙炔气灯，

🔍 航标灯

乙炔气源由液化乙炔气瓶供应，后来采用电灯。航标孤零零地漂在海上，电灯的电源先是用蓄电池、太阳能电池，后来发展到使用海浪发电的电能。

　　航标灯上的海浪发电装置为空气透平式。这种发电装置是由日本益田善雄发明并获得试验成功的，所以也称益田式海浪发电装置。此人苦心研究海浪发电近40年，对各种海浪发电方式进行了大量的试验和比较，最后研制成功这种海浪发电装置，并于1965年第一次安装在航标上使用，成为世界上最初利用海浪发电成功并付诸应用的实例。经过十多年的试验和使用，装置安然无恙，效果明显，所以益田式海浪发电装置被世界各国广为采用。

（1）航标灯

　　航标灯是为保证船舶在夜间安全航行而安装在某些航标上的一类交通灯。它在夜间发出规定的灯光颜色和闪光频率，达到规定的照射角度和能见距离。

（2）乙炔气

　　乙炔气是一种无色、无臭的可燃气体，但工业品具有使人不愉快的大蒜气味。它是由电石与水作用而制得的。乙炔气在燃烧时发生明亮的火焰，作为航标灯的燃料应用于航海、内航照明，经济廉价，在矿山及民用照明上也普遍使用。

（3）浮体

　　浮体就是一些浮板之类的物体。在泥面或者水面上，陆上设备无法操作，只能安装在"浮体"之类的物体上，借助液体对它的浮力，让人能够借助浮体在水面或者泥面上作业。

35
航标灯的奥秘

🔍 **航标灯的奥秘**

　　海浪发电航标，主要由航标灯、灯架、空气透平发电机组、浮体、空气管、压铁和锚链等部分组成。其中，空气管相当于空气活塞室，它底部开口，海水在空气管的下半部上下波动，使空气管上半部的空气排出或吸入，驱动空气透平发电机发电，供航标灯使用。有时还配备少量蓄电池，当白天或海浪较大，电力有余时，就向蓄电池充电，以充分利用海浪发电的电能，不致白白浪费；当海浪较小，海浪发电装置输出较小或不能发电时，航标灯可由蓄电池供电，以保证航标灯工作的可靠性。

空气透平发电机用空气驱动，防止了海水直接接触而腐蚀，延长了机组使用寿命。又由于整个装置几乎没有传动部件，所以故障很少，基本上不必进行修理。对发电装置的定期保养，也可以与航标的例行检修结合起来进行。所以海浪发电装置的运行费用很低。另外，还有一个极为有利的因素，就是普通航标只要稍加改造，就可以改制成海浪发电航标。总之，技术上的可行和经济上的合算，将使海浪发电航标在世界各国获得推广。

中国的海浪发电航标近几年来发展很快，例如千瓦级的海浪发电装置的研究试验、海浪发电浮体的研究试验、固定管式海浪能转换装置的研究试验等都获得了成功，目前已进入使用阶段。

（1）航标灯

航标灯是为保证船舶在夜间安全航行而安装在某些航标上的一类交通灯。它在夜间发出规定的灯光颜色和闪光频率（频率可以为0），达到规定的照射角度和能见距离。

（2）锚链

锚链是连接于锚和船体之间的链条，用来传递和缓冲船舶所受的外力。按照用途锚链分为船用锚链和海洋系泊链；按照功能锚链可分为有档链和无档链。

（3）蓄电池

蓄电池是将化学能直接转化成电能的一种装置，通过可逆的化学反应实现再充电。它的工作原理：充电时利用外部的电能使内部活性物质再生，把电能储存为化学能，需要放电时再次把化学能转换为电能输出。

36
水下的"风车"

🔍 **海流**

利用海流发电有许多优点，它不必像潮汐发电那样，需要修筑大坝，担心泥沙淤积；也不像海浪发电那样，电力输出不稳定。目前，海流发电虽然还处在小型试验阶段，它的发展还不及潮汐发电和海浪发电，但人们相信，海流发电将以稳定可靠、装置简单的优点在海洋能的开发利用中独树一帜。

海流发电装置的基本形式与风车、水车相似，所以海流发电装置常被称为水下"风车"，或潮流水车。海流发电装置基本上以轮叶式为主。

轮叶式。发电原理就是海流推动轮叶，轮叶带动发电机发电。轮叶可以是螺旋桨式的，也可以是转轮式的。轮叶的转轴有与海流平行的，也有与海流垂直的。轮叶可以直接带动发电机，也可以先带动水泵，再由泵产生高压来驱动发电机组。整个装置可以是固定式的，也可以是锚系式的；可以是全潜式的，也可以是半潜式的。虽然形式不同，但它们的原理都是相同的。

日本设计的这种形式的海流发电装置，轮叶的直径达53米，输出功率可达2500千瓦。美国设计的类似海流发电装置，螺旋桨直径达73米，输出功率为5000千瓦。澳大利亚建成的一台潮流水车可装在锚泊的船上或者海上石油开采平台上，用时放下发电，不用时可以吊起来。法国设计了固定在海底的螺旋桨式海流发电装置，直径为10.5米，输出功率达5000千瓦。

（1）海流

海流又称洋流，是海水因热辐射、蒸发、降水、冷缩等而形成密度不同的水团，再加上风应力、地转偏向力、引潮力等作用而大规模相对稳定的流动，它是海水的普遍运动形式之一。海洋里有着许多海流，每条海流终年沿着比较固定的路线流动。

（2）螺旋桨

螺旋桨是指靠桨叶在空气中旋转将发动机转动功率转化为推进力的装置，或有两个或较多的叶与毂相连，叶的向后一面为螺旋面或近似于螺旋面的一种船用推进器。螺旋桨分为很多种，应用也十分广泛，如飞机、轮船等。

（3）锚泊

船舶的状态分为在航、搁浅、停靠泊。锚泊是停靠泊的一种，指的是抛锚停泊，也就是抛锚以后，利用锚的在海底的抓力和锚链的摩擦力使船停住。

37
降落伞式和磁流式发电

　　降落伞式。整个装置设计独特，别具一格，结构简单，造价低廉，不论流速大小，都能顺利工作。整个装置用12个"降落伞"组成，它们串联在环形的铰链绳上。"降落伞"长约12米，每个"降落伞"之间相距约30米。当海流方向顺着"降落伞"时，依靠海流的力量撑开"降落伞"，并带动它们向前运动；当海流方向逆着"降落

　利用海流发电

伞"时，依靠海流的力量收拢"降落伞"，结果铰链绳在撑开的"降落伞"的带动下，不断地转动着。铰链绳又带动安装在船上的铰盘转动，铰盘则带动发电机发电。

磁流式。这种海流发电方式还处在原理性研究阶段。它的基本原理与磁流体发电原理大体相同。磁流体发电是当今新型的发电方式，它用高温等离子体为工作物质，高速垂直流过强大的磁场后直接产生电流。现在以海水为工作物质，当存有大量离子（如氯离子、钠离子）的海水垂直流过放置在海水中的强大磁场时，就可以获得电能。磁流式发电装置没有机械传动部件，不用发电机组，海流能的利用效率很高，可成为海流发电的最优装置。

（1）降落伞

降落伞是利用空气阻力，依靠相对于空气运动充气展开的可展式气动力减速器，使人或物从空中安全降落到地面的一种航空工具。其主要由柔性织物制成，是空降兵作战和训练、航空航天人员的救生和训练、跳伞运动员进行训练、比赛和表演，空投物资、回收飞行器的设备器材。

（2）高温等离子体

高温等离子体指重粒子和电子的温度都很高（等离子体工艺中操作温度约为5000～20 000开尔文）而且几乎相等的等离子体。

（3）磁流体

磁流体又称磁性液体、铁磁流体或磁液，是一种新型的功能材料，是由直径为纳米量级（10纳米以下）的磁性固体颗粒、基载液以及界面活性剂三者混合而成的一种稳定的胶状液体。它既具有液体的流动性又具有固体磁性材料的磁性。

38
潮流发电的尝试（一）

　　海水在受月亮和太阳的引力产生潮位升降现象（潮汐）的同时，还产生周期性的水平流动，这就是人们所说的潮流。潮流是海洋流中的一种。由于潮流和潮汐有共同的成因（都是由月亮和太阳的引力产生的）、有共同的特性（都是以日月相对地球运转的周期为自己变化的周期），因此，人们把潮流和潮汐比做一对"双胞胎"。所不同的只是潮流要比潮汐复杂一些，它除了有流向的变化外，还有流速的变

比格尔海峡

化。

潮流的流速一般可达2～3海里/小时，但在狭窄海峡或海湾里，流速有时很大。例如，中国的杭州湾海潮的流速11～12海里/小时。潮流的流速虽然很大，但因它的流向有周期性的变化，所以流不远，只是限于一定海区内往复流动或回转流动。回转流动就像运动员在运动场上练习长跑一样，只是围绕跑道不停地做圆周运动。

由于潮流的流速很大，因此，潮流蕴藏了巨大的能量，可以用来发电。潮流发电的原理和风车的原理相似，都是利用潮流的冲击力使水轮机的螺旋桨迅速旋转而带动发电机。潮流发电的水轮机有多种形式，比较简易的是潮流发电船，发出的电流通过电缆输送到陆地上。

（1）海里
海里是指航海上度量距离的单位。它等于地球椭圆子午线上纬度1分（一度等于六十分，一圆周为360度）所对应的弧长。在我国，1海里=1.852千米。

（2）海峡
海峡是指两块陆地之间连接两个海或洋的较狭窄的水道。它一般深度较大，水流较急。海峡的地理位置特别重要，不仅是交通要道、航运枢纽，而且历来是兵家必争之地。

（3）圆周运动
质点在以某点为圆心，半径为r的圆周上运动时，即其轨迹是圆周的运动叫圆周运动。它是一种最常见的曲线运动，如电动机转子、车轮、皮带轮等都做圆周运动。

39
潮流发电的尝试（二）

🔍 舟山群岛

潮流的流向是有周期性变化的，尤其是往复流动潮流流向的周期性变化更为显著。这样，安装在船体两侧的水轮机螺旋桨应对称，并且方向相反，以便顺流时由一侧螺旋桨旋转发电，逆流时就由另一侧的螺旋桨旋转发电。据计算，直径为50米的螺旋桨，可以利用通过海水能量的15%，在潮流流速为6海里/小时，一台发电机能发出约4千瓦的电量。

中国在舟山群岛进行潮流发电原理性试验已获成功，试验是从1978年开始的。发电装置采用锚系轮叶式，螺旋桨直径2米，共4叶，双面作用对称翼型，以适应潮流的变化。发电最小流速为1米/秒，最大流速为4米/秒。螺旋桨水轮机带动液压油泵，正向反向都能输出高压油，高压油驱动液压油马达，液压油马达带动发电机发电。

这项试验分室内模拟、海上装船拖航发电和海上锚泊潮流发电三个阶段。现在，试验虽然在原理性潮流发电上已取得了初步进展，但发电装置还有待进一步改进。实际的潮流发电装置和潮流发电站还在设想之中。

（1）舟山群岛

舟山群岛是中国沿海最大的群岛，古称海中洲，位于长江口以南、杭州湾以东的浙江省北部海域。群岛呈东北至西南排列，东北部以小岛为主，大岛大多集中在西南部。2011年7月7日，国务院正式批准设立浙江舟山群岛新区。

（2）液压油泵

液压油泵由泵体、长方形油箱、压把、超高压钢丝编织胶管四大部分组成，液压系统的动力元件，指液压系统中的油泵，向整个液压系统提供动力，其作用是将原动机的机械能转换成液体的压力能。液压泵的结构形式一般有齿轮泵、叶片泵和柱塞泵。

（3）液压油

液压油就是利用液体压力能的液压系统使用的液压介质，在液压系统中起着能量传递、系统润滑、防腐、防锈、冷却等作用。

40
海水如此凉热

　　海水由于分布的地域不同，深度不同，其温度是有差异的。海水温度的高低主要来自太阳的辐射多少。可以说海洋就是太阳热能的储存库。当然海水温度的升高还有其他原因，如地球内部供给的热，海水中放射物质的发热等。但对145亿亿吨的海水来说，它们的影响是微不足道的。

　　在地球赤道附近和低纬度地区，太阳直射的时间长，海水温度比

🔍 海水温度主要来自太阳辐射

较高。随着地理纬度的增高，太阳越来越斜射，海水温度也就越来越低。在北半球的夏季，太阳比较直射，海水温度上升；冬季，太阳比较斜射，海水温度就下降。在一天中，白天海水吸收太阳的辐射热，海水温度升高；晚上，不但吸收不到太阳的辐射热，海水中的热量还要散发一些到空气中去，海水温度就降低。海水表层，太阳直接照射，温度高；阳光照射不到深层，海水温度低。

在地球上，从南纬20°到北纬20°的辽阔海洋中，表层海水和深层海水的温度差极大部分在18℃以上。中国的南海，表层海水温度全年平均在25℃～28℃，其中有300多万平方千米海区，上下温度差为20℃左右，是海水温差发电的好地方。

（1）太阳辐射

太阳辐射是指太阳向宇宙空间发射的电磁波和粒子流。地球所接受到的太阳辐射能量仅为太阳向宇宙空间放射的总辐射能量的二十亿分之一，但却是地球大气运动的主要能量源泉。

（2）纬度

纬度是指某点与地球球心的连线和地球赤道面所成的线面角，其数值在0°～90°之间。位于赤道以北的点的纬度称为北纬，记为"N"；位于赤道以南的点的纬度称为南纬，记为"S"。

（3）深层海水

深层海水是指超过海面200米以下的深海部分的海水。由于阳光几乎照射不到海面200米以下，因此这里几乎没有植物的光合作用，以进行光合作用的有机物为营养来源的细菌和病原菌也很难繁殖。

41

三层海水不一样

全世界海水温度总的变化范围在零下2℃到零上30℃之间，最高温度很少有超过30℃的。海水温度的水平分布，一般随纬度增加而降低。海水温度的垂直分布，随着深度增加而降低，大体上可以分成三层：

第一层——均匀层。从海面至海面以下几十米甚至上百米，由于直接受到太阳的照射，水温较高，又由于风和海浪所引起的混合作用十分强烈，所以温度均匀，上下变化不大；

第二层——变温层。大约在海面以下几百米至1000

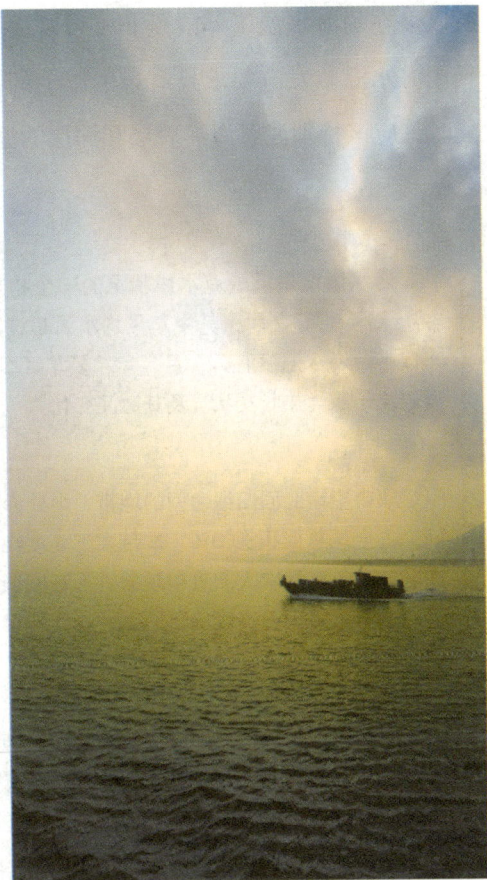

○ 海洋晚霞

米左右，那里不但太阳照射不到，而且海水运动的混合作用很弱，所以海水温度随水深的增加急剧下降；

第三层——恒温层。大约在海面以下1000米左右到海底，那里的海水温度常在2℃～6℃之间。超过2000米，海水温度保持在2℃左右，变化很小，即恒定温度。

当高温海水量越大，与低温海水的温度差越大，海水温度差能也就越大。热带海洋表层都是高温海水，海洋深层的低温海水也很多，所以潜在的海水温度差能是非常可观的。根据今天的科学技术条件，利用海水温差发电要求具有18℃以上的温差，因此在利用海水温度差能时，应该特别注意海洋表层和深层的温度差。

（1）海水温度

海水温度是反映海水热状况的一个物理量。世界海洋的水温变化一般在-2℃～30℃之间，其中年平均水温超过20℃的区域占整个海洋面积的一半以上。海水温度有日、月、年、多年等周期性变化和不规则的变化，它主要取决于海洋热收支状况及其时间变化。

（2）热带

热带指南北回归线之间的地带，地处赤道两侧，位于南北纬23°26′之间，占全球总面积39.8%。本带太阳高度终年很大，在两回归线之间的广大地区，一年有两次太阳直射现象，而在回归线上，一年内只有一次直射，而且，这里正午太阳高度终年较高，变化幅度不大，因此，这一地带终年能得到强烈的阳光照射，气候炎热。

（3）海水温度差能

海洋温差能又称海洋热能，是指利用海洋中受太阳能加热的暖和的表层水与较冷的深层水之间的温差进行发电而获得的能量。在南、北纬30°之间的大部分海面，表层和深层海水之间的温差在20℃左右；如果在南、北纬20°海面上，每隔15千米建造一个海洋温差发电装置，理论上最大发电能力估计为500亿千瓦。

克劳德的实验（一） 42

🔍 **热带海洋**

　　1926年11月15日，在法国法兰西科学院的大厅里，克劳德和布射罗当众进行了温差发电的实验。他们取来两只烧瓶，在其中一只烧瓶中装入28℃的温水，在另一只烧瓶中装入冰块，然后用导管和喷嘴把两个烧瓶连接起来，在导管上装了汽轮发电机，在发电机的输出端接了3只小电灯泡。当克劳德用真空泵抽出烧瓶内的空气时，不一会儿，28℃的温水在低压下沸腾了，蒸气从喷嘴喷出，形成一股强劲的气流推动汽轮发电机转动。瞬时，3只小灯泡同时发出了光芒。从此，翻开了温差发电的第一页。

克劳德和布射罗在接受记者采访时说："热带海洋表层的水温通常保持在26℃～30℃，600米深处的海水稳定在4℃～6℃，如果把两层海水分别抽到蒸发器和冷凝器，用刚才实验的原理发电，我们将可以从海洋中取得无限的有效能源。"

从此以后，克劳德的实验成了海水温差发电的楷模，许多人效仿他实验的原理进行现场试验。第二年，即1927年，克劳德不远万里来到非洲马斯河边，进行又一个试验。后来他又到比利时的一家钢铁厂进行试验，用高炉冷却水作热源，用河水作冷源，在温差20℃的条件下，得到了50多千瓦的输出。这些陆地试验的成功，使他决心到海上一试。

（1）真空泵

真空泵是一种旋转式变容真空泵，须有前级泵配合方可使用，在较宽的压力范围内有较大的抽速，广泛用于冶金、化工、食品、电子镀膜等行业。

（2）热带

热带，南北回归线之间的地带，地处赤道两侧，位于南北纬23°26′之间，占全球总面积39.8%。本带终年能得到强烈的阳光照射，气候炎热。热带的特点是全年高温，变幅很小，只有相对热季和凉季之分或雨季、干季之分。

（3）马斯河

马斯河也称默兹河，发源于法国香槟—阿登大区上马恩省朗格勒高原，流经比利时，最终在荷兰注入北海，全长925千米，是欧洲的主要河流。其流域面积3.3万平方千米，对运输和供水作用甚大。

43
克劳德的实验（二）

　　1929年至1930年期间，克劳德把开式循环发电装置建在古巴的马坦萨斯海湾上。这里海水表层温度为28℃，400米深水的温度为10℃，他把2000多米长，直径约2米的管道放到了预定的深度，建成了一座22千瓦的海水温差发电站。但两星期后电站管道被大风破坏，试验中断了，这一事件使他认识到在海底铺设长长的管子是行不通的。

　　百折不挠的克劳德又于1934年做了一个名叫"突尼斯"号浮标式温差发电站的设计。这种温差发电站与海浪发电装置有些相似。克劳

热带海洋风景

德把发电站的发电设备、机械设备安装在"突尼斯"号驳船上，驳船锚泊在巴西外海波拉集里岸边。抽取冷水的管道不采用水平安装的方式，而变为垂直向下的结构，管道上部是一个浮体，下面加了重物，使管道垂直漂浮在水下20米处，以避免风浪的袭击。浮体与驳船之间再用管道连接。克劳德期望能够得到800千瓦的电力，但海浪与他作对，未能成功。一气之下，他把"突尼斯"号和所有装备一起沉到海底去了。

后来，克劳德设计在海底挖一条隧道，引进冷海水，可是由于施工太艰巨又危险，接着爆发了第二次世界大战，计划又落空了。然而，克劳德的试验和献身精神对广大科学家均是前所未有的启发和鼓舞。

（1）古巴

古巴正式名称为古巴共和国，是美洲加勒比海北部的一个群岛国家。它位于美国佛罗里达州以南，墨西哥尤卡坦半岛以东，牙买加和开曼群岛以北，以及海地和特克斯与凯科斯群岛以西。古巴共产党是该国唯一合法政党。

（2）驳船

驳船是指本身无动力或只设简单的推进装置，依靠拖船或推船带动的或由载驳船运输的平底船。驳船一般为非机动船，与拖船或顶推船组成驳船船队，可航行于狭窄水道和浅水航道，并可根据货物运输要求而随时编组，适合内河各港口之间的货物运输。

（3）隧道

隧道是埋置于地层内的一种地下建筑物。隧道可分为山岭隧道、水底隧道和地下隧道等。隧道的结构包括主体建筑物和附属设备两部分。主体建筑物由洞身和洞门组成，附属设备包括避车洞和防排水设施，长的隧道还有专门的通风和照明设备。

44

第一座海水温差实验电站

🔍 水库

1948年，法国开始在非洲象牙海岸科特迪瓦首都阿比让附近修造一座海水温差发电站，这是世界上第一座海水温差试验发电站。这里海水表层水温高达28℃，数百米深的海水温度只有8℃，既可以在这里获得温差为20℃的冷热海水，又不必安装又长又深的冷水管道，所以这里的自然条件十分理想。

世界上第一座海水温差试验发电站的发电工作原理是：表层温度

高的海水用泵泵进蒸发器，温海水在低压下蒸发，产生的水蒸气推动汽轮发电机发电，工作后的水蒸气沿着管道进入冷凝器，水蒸气被冷却凝结成水后排出。冷凝器内不断用泵泵入深层冷海水，冷海水冷却了水蒸气后又回到海里。作为工作物质的海水，一次使用后就不再重复使用，工作物质与外界相通，所以称这样的循环为开式循环。

当时，这座海水温差发电站安装了两台为3500千瓦的发电机组，总功率为7000千瓦，它不但可以获得电能，而且还可以获得很多有用的副产品。例如，温海水在蒸发器内蒸发后所留下的浓缩水可被用来提炼很多有用的化工产品，此其一；二是水蒸气在冷凝器内冷却后可以得到大量的淡水。所以开式循环海水温差发电是一举两得的。

（1）科特迪瓦

科特迪瓦意为"象牙海岸"，位于西非，东接加纳，南临几内亚湾，西及利比里亚和几内亚，北邻马里、布基纳法索。科特迪瓦于1960年独立，为非洲工商业法规一体化组织的成员国之一。

（2）冷凝器

冷凝器是空调系统的机件，能将管子中的热量，以很快的方式传到管子附近的空气，大部分置于汽车水箱前方。冷凝器是把气体或蒸气转变成液体的装置。发电厂要用许多冷凝器使涡轮机排出的蒸气得到冷凝。

（3）淡水

淡水即含盐量小于0.5 克/升的水。 地球上水的总量为14亿立方千米，地球上的水很多，淡水储量仅占全球总水量的2.53%，而且其中的68.7%又属于固体冰川，分布在难以利用的高山和南北两极地区，还有一部分淡水埋藏于地下很深的地方，很难进行开采。

45
温差发电日臻完善

面对第一座海水温差发电站，即开式循环发电的阿比让电站的弱点，许多科学家立志对它进行改进，进一步完善它的发电原理。

1964年，美国海洋热能发电的创始人安德森和他的儿子在一次工程师会议上，首次公布了对海水温差发电的研究成果。他们提出了用

♀刘家峡发电站

低沸点液体（如丙烷和液态氨）做工作物质，所产生的蒸气做工作流体的方案。这样可使蒸气压提高数倍，发电装置体积变小。他们还提出，如果将整个发电装置安装在一个巨大的容器中，将容器锚系在大海中并潜沉到适当深度，就可以避免风暴的破坏，所生产的电能可由海底电缆输送到陆地上。

由于安德森父子提出的低沸点工作物质是在一个闭合回路中循环使用，所以称这种温差发电方式为闭式循环。闭式循环虽然未能解决开式循环中所存在的各种困难，但克服了开式循环中最致命的弱点，所以此方案一经提出，就得到全世界的赞同和重视。

（1）沸点

液体沸腾时候的温度被称为沸点。浓度越高，沸点越高。不同液体的沸点是不同的，所谓沸点是针对不同的液态物质沸腾时的温度。沸点随外界压力变化而改变，压力低，沸点也低。

（2）风暴

风暴泛指强烈天气系统过境时出现的天气过程，特指伴有强风或强降水的天气系统，例如：雷暴、飑线、龙卷风（海上的称为龙吸水）、台风、热带气旋、热带风暴等。

（3）海底电缆

海底电缆是用绝缘材料包裹的导线，铺设在海底，用于电信传输。海底电缆分海底通信电缆和海底电力电缆。现代的海底电缆都是使用光纤作为材料，传输电话和互联网信号。

46
温差发电新设想

目前，科学家们又开始尝试将开式循环和闭式循环的优点结合在一起，制造一种混合循环方式。为了解决深海提取冷海水的种种困难，有的科学家设法与太阳能利用相结合，例如，把海水引进太阳能加温池加温，制造人工海上油膜来提高表层海水的温度。也有的科学家设想利用高山上的积雪来代替深层冷海水。这样，不仅不必到深层去

黄河小浪底发电站

提取冷海水，而且在温带海洋也有可能进行海水温差发电。还有些科学家试图到冰封的极地去进行海水发电。在极地，冰层下的海水温度在-1℃~3℃之间，而空气温度都在-20℃以下，它们的温差很大，距离却很近，相距只有几米到几十米，如果利用它们的温差来发电，是再方便不过了。

不难看出，以上各种方案，发电原理都离不开克劳德的科学实验。最近有的科学家脱离克劳德实验方案，提出利用温差发电现象，进行海水温差发电的研究。温差发电现象就是指两种不同的导体（半导体），因两个接头的温度不同，而在两接头间产生电动势的现象。这一新设想，将给海水温差发电带来一场革命。

（1）海上油膜

海上油膜是指油类在海水表面上形成的薄膜。大面积的油膜，把海水与空气隔开，抑制膜下水分的蒸发，使污染区及其周边地区上空干燥，同时造成海洋与大气的热交换减少，使海水及污染区上空大气的年、日温差变大。

（2）极地

极地是指地球南北两极极圈以内的陆地与海域。在极地终年白雪覆盖大地，气温非常低，以致于几乎没有植物生长。极地最大的特征就在昼夜长短随四季的变化而改变。

（3）半导体

半导体指常温下导电性能介于导体与绝缘体之间的材料。半导体在收音机、电视机以及测温上有着广泛的应用。

47
世界第一座海水温差电站

⚲ 长洲水利枢纽

　　自安德森发明闭式循环问世以来，海水温差发电开创了一个新局面。世界各国纷纷从事研究和试验，各种设计方案如雨后春笋，呈现出一派喜人的气象。人们期望着海水温差发电尽快从试验性发电转为工业性发电。早在20世纪60年代初，研究热潮已经从法国转向美国，在短短的10～20年内，美国已经成为海水温差发电方面最先进的国家。

　　1979年5月29日，世界上第一座海水温差发电站在美国的夏威夷成功地投入工业发电，为岛上的居民、车站和码头供应照明用电。夏威夷岛在太平洋中部，地处北纬20°，附近海域的表层海水温度常年很高，冬季为24℃，夏季为28℃。在离岸只有1.2千米的地方，水深400米处就可获得10℃的冷海水，水深800米处就有5℃的冷海水，为海水温差发电提供了优越的自然条件。

　　这座海水温差电站安装在驳船型的海上平台上，平台锚系在夏威夷岛东部的2.4千米的海上。电站运行的机组容量为50千瓦，采用液态氨为工作物质的闭式循环系统，后来又安装了几十台50千瓦的机组，总装机容量达到1000千瓦以上。

（1）码头

　　码头是海边、江河边专供乘客上下、货物装卸的建筑物，通常见于水陆交通发达的商业城市。人类利用码头作为渡轮泊岸上落乘客及货物之用，其次还是吸引游人，及约会集合的地标。

（2）海上平台

　　海上平台是指高出海面且具有水平台面的一种桁架构筑物，供进行生产作业或其他活动用。根据在整个使用寿命期内位置是否发生变化可分为固定式海上平台和浮式海上平台。

（3）液态氨

　　液态氨是一种无色、有毒、可燃、具腐蚀性的液体。液氨对皮肤和眼睛有强烈腐蚀作用，使其产生严重疼痛性灼伤。

48
温差发电前程似锦

　　最近10～20年来，热衷于海水温差发电的科学家越来越多，而且目标越来越高，已经制定出的各种设计方案，如浮式、海底固定式，以及各种循环系统等，都十分成熟可行。例如，美国洛克希德设计方案，装机容量达16万千瓦，整个装置半潜于海水中，总长450米，直径为75米，露出海面18米，用液态氨做工作物质，用钛合金做热交换器的材料，整个装置耗用26万吨混凝土，每千瓦造价2660美元，总投资4

丰满发电厂

亿~5亿美元。

目前，世界上海水温差发电站的规模正在向大型化发展。例如，建造一座40万千瓦的温差发电站，其中仅冷水管就是一个直径30米、长900米的庞然大物，宛如一座建筑面积为21万平方米，高300层的摩天大楼。冷水管内的冷水抽取量将是3000立方米/秒，相当于长江入海口流量的1/10。

在今后的10~20年内，海水温差发电量将大大增加，美国预计2020年海水温差发电的发电量将达到美国总发电量的10%。海水温差发电已经走过了100多年的崎岖历程，像一个成功的明星已经在太平洋上闪闪发光。

（1）钛合金

钛合金是指以钛为基础加入适量其他合金元素组成的合金。钛合金因具有强度高、耐蚀性好、耐热性高等特点而被广泛用于各个领域。

（2）热交换器

热交换器是用来使热量从热流体传递到冷流体，以满足规定的工艺要求的装置，是对流传热及热传导的一种工业应用。热交换器按其操作过程可分为间壁式、混合式、蓄热式（或称回热式）三大类；按其表面的紧凑程度可分为紧凑式和非紧凑式两类。

（3）入海口

入海口是指河或者川流入海里的入口，即淡水和海水混合的区域，一部分地域为陆地，一部分地域为大海。入海口区域是淡水和海水交融的地方，所以盐分浓度变化无常。

49
海水是咸的

🔍 海水是咸的

　　常到海水里游泳的人，定会感到它与在游泳池或江河湖泊中的不同之处。首先会觉得你的身子比在游泳池里容易浮起来；其次，偶尔喝进一口海水，会觉得又咸又苦。这是为什么呢？原来海水中有溶解的大量盐类。海水的含盐量高，顶托人体的浮力就大；溶解在海水中的盐类，有的是咸的，有的则是苦的。其中的氯化钠（NaCl），就是我们每天吃的食盐，是咸的。另一种叫氯化镁（MgCl），就是点豆腐用的卤水的主要成分，是苦的。

据测量，海水中各种盐类的总含量一般为30‰~35‰，科学家通过计算得知，在1立方千米的海水中，含有氯化钠2700多万吨，氯化镁320万吨，碳酸镁220万吨，硫酸镁120万吨等，整个海水中含有5亿亿吨无机盐。

那么海水为什么会含有这么多的盐呢？最简单的答案是：千万条河流在大陆上流动的过程中，溶解了岩石中的盐类，最后把这些盐类带入大海。大海中的水分一年一年被蒸发到空中形成雾和雨，大海的盐则是不会被蒸发掉的，反而越积越多，所以引出的海水就越来越咸了，海水中的盐含量就越来越多了。

（1）卤水

卤水的学名为盐卤，是氯化镁、硫酸镁和氯化钠的混合物。卤水点豆腐是胶体聚沉的过程，未发生化学反应。

（2）无机盐

无机盐即无机化合物中的盐类，旧称矿物质，在生物细胞内一般只占鲜重的1%~1.5%，目前人体已经发现20余种无机盐。虽然无机盐在细胞、人体中的含量很低，但是作用非常大，如果注意饮食多样化，少吃动物脂肪，多吃糙米、玉米等粗粮，不要过多食用精制面粉，就能使体内的无机盐维持正常应有的水平。

（3）雾

雾是指在水气充足、微风及大气层稳定的情况下，如果接近地面的空气冷却至某程度时，空气中的水气便会凝结成细微的水滴悬浮于空中，使地面水平的能见度下降，这种天气现象称为雾。雾的出现以春季二至四月间较多。

50
海水元素多

目前，在海水中已经发现有80多种化学元素。海洋学家把这些元素分成三类，每升海水中含有100毫克以上的元素，叫作常量元素；含有1～100毫克的元素，叫作微量元素；含有1毫克以下的元素，叫作痕量元素。海水中含有的主要元素是：钠、钙、钾、铷、锶、钡等金属元素，氯、溴、碘、氧、硫等非金属元素。它们在海水中主要以化合物的形式存在，以种类繁多的盐类物质存在。

元素	浓度（毫克/升）	海水中的总量（万亿吨）
氯	18，980	29，300
钠	10，561	16，300
镁	1，272	2，100
硫	884	1，400
钙	400	600
钾	380	600
溴	65	100
碳	28	40
锶	8	12
硼	4.6	7.1
硅	3	4.7
锂	0.17	0.26
碘	0.06	0.093
钼	0.01	0.016

元素	浓度（毫克/升）	海水中的总量（万亿吨）
铀	0.003	0.004
银	0.00004	0.0005
金	0.000004	0.000006

海水元素多

（1）金属元素

金属元素是具有金属通性的元素。金属元素种类高达八十余种，性质相似，主要表现为还原性，有光泽，导电性与导热性良好，质硬，有延展性，常温下一般是固体。

（2）非金属元素

在所有的一百多种化学元素中，非金属元素占了22种。在周期表中，除氢以外，其它非金属元素都排在表的右侧和上侧，属于p区，包括氢、硼、碳、氮、氧、氟、硅、磷、硫、氯、砷、硒、溴、碲、碘、砹、氦、氖、氩、氪、氙、氡等。

（3）化合物

化合物是指由两种或两种以上的元素组成的纯净物。化合物具有一定的特性，通常还具有一定的组成。

51
海水咸淡不均

　　世界各地海水中的含盐量都是一样多的吗？不是的，蒸发量大的海域，海水含盐的浓度大；反之，降水量多，或河水流入的海域，海水含盐的浓度就小。因而在有些特殊的海域里，盐度特别高，如亚洲与非洲交界处的红海，太阳辐射强烈，海水蒸发量很大，四周又都是沙漠，气温很高，降雨量又特别少，所以，那里的海水盐度就高达40‰，甚至高达43‰，成为世界盐度最大的海区。

　　有些海区的盐度又可能特别低，如降水和河流流入特别多的波罗的海北部的波的尼亚海，海水盐度降低到只有3‰，甚至1‰~2‰，成为世界海洋里海水盐度最低的海区。中国海区的海水盐度由于河流入海很多，所以平均盐度只有32‰左右，有的海区甚至还要低。

　　在河流入海处的淡水和海水交汇的地方有显著的盐度差，海水盐度差能最丰富，是开发利用海水中化学能最理想的地方。在大气中，冷空气和暖空气之间有一个倾斜的交界峰面，密度大的冷空气在下方，密度小的暖空气在上方。淡水和盐水之间与大气相似，也有一个倾斜的交界面，盐水密度大的部分沉在下面，淡水密度小的部分浮在上面，盐水像人的舌头一样伸入到淡水下部，所以有"盐水舌"之称。盐水和淡水的交界面是海水盐度差能登场的地方，只有在这里，海水中的化学能才会显出能量来。

🔍 红海

（1）红海

　　红海位于亚洲与非洲之间，印度洋西北的陆内海。红海受东西两侧热带沙漠夹峙，常年空气闷热，尘埃弥漫，明朗的天气较少，降水量少，蒸发量却很高，盐度为40.1‰，夏季表层水温超过30℃，是世界上水温和含盐量最高的海域。

（2）波罗的海

　　波罗的海是位于欧洲北部斯堪的纳维亚半岛和日德兰半岛以东的大西洋的内陆海，是世界上盐度最低的海。

（3）海水盐度

　　海水盐度是指海水中全部溶解固体与海水重量之比，通常以每千克海水中所含的克数表示。人们用盐度来表示海水中盐类物质的质量分数。

52
渗透压与盐度差能

为什么盐水和淡水之间存在着盐度差能呢？要回答这个问题，还得从渗透压说起。

渗透现象是十分普遍的现象，例如黄豆浸泡在水中会膨胀，就是由于水通过黄豆表皮（分子物理学上称这种表皮为半透膜）的渗透作用所造成的。

半透膜是什么？它在渗透作用中起什么作用？首先举例来说，动物的膀胱就是半透膜，它只容许水透过而不容许酒精透过；另外，如动植物的细胞膜也是半透膜；还有各种各样的人造半透膜，如以铁氰化铜沉淀于无釉陶瓷中制成的膜、胶棉膜等。

在半透膜隔开的有浓度差别的同种溶液之间，产生低浓度溶液透入高浓度溶液的现象，就叫渗透现象。

那么，什么是渗透压呢？当渗透现象发生后，我们在浓度大的溶液上施加一个机械压强，恰好能够阻止稀溶液向浓度大的溶液发生渗透作用，这个机械压强就等于这两种溶液之间的渗透压强，或称渗透压。

海洋公园

（1）表皮

表皮是指植物初生组织表面的细胞层。一般由单层、无色而扁平的活细胞构成。它是植物体和外界环境接触的最外层细胞。

（2）半透膜

半透膜是一种只给某种分子或离子扩散进出的薄膜，对不同粒子的通过具有选择性的薄膜，如细胞膜、膀胱膜、羊皮纸以及人工制的胶棉薄膜等。

（3）细胞膜

细胞膜是指细胞表面的一层薄膜，有时称为细胞外膜或原生质膜。细胞膜的化学组成基本相同，主要由脂类、蛋白质和糖类组成。各成分含量分别约为50%、42%、2%～8%。此外，细胞膜中还含有少量水分、无机盐与金属离子等。

53
渗透压怎样形成

　　现在让我们来做一个简单的实验，就可以验证渗透现象和渗透压的存在。取一个长颈漏斗，用一张像猪膀胱那样的半透膜将它蒙住，然后倒过来，使长颈向上，并灌入海水，再把它放进淡水槽内。这时在半透膜附近发生了有趣的现象，淡水中的水分子自由自在地进入海水，海水中的氯离子、钠离子则无法进入淡水。不过海水中的水分子也可以跑到淡水中去，但出得少进得多，所以过一会儿，漏斗长颈里的海水面升高了，海水的盐度下降。这个过程一直进行到海水升高的高度所产生的压力等于海水和淡水之间的渗透压为止。海水升高的水柱就可以用来计量渗透压的大小。

　　有人做过测定，温度在20℃时，盐度为35‰的标准海水与纯淡水之间的渗透压高达24.8个大气压，相当于256.2米水柱高或250米海水柱高。可见，渗透压是个很大的压力。

　　渗透压的大小与温度、浓度有关。温度越高，渗透压越大；浓度差越大，渗透压也越大。在海洋中，海水与淡水的盐度差最大，它们之间的渗透压也就越大。这就是为什么河流入海处海水和淡水交汇的地方是海水盐度差能蕴藏最丰富的地方。

🔍 海水碧波荡漾

（1）膀胱

　　膀胱是一个储尿器官。在哺乳类，它是由平滑肌组成的一个囊形结构，位于骨盆内，其后端开口与尿道相通。膀胱与尿道的交界处有括约肌，可以控制尿液的排出。

（2）长颈漏斗

　　长颈漏斗是漏斗的一种，主要用于固体和液体在锥形瓶中反应时添加液体药品，一般还可以用分液漏斗替代。在使用时，注意漏斗的底部要在液面以下，这是为了防止生成的气体从长颈漏斗口逸出，起到液封的作用。做实验室制取二氧化碳和氧气等实验时会用到长颈漏斗。

（3）渗透压

　　渗透压指用半透膜把两种不同浓度的溶液隔开时发生渗透现象，到达平衡时半透膜两侧溶液产生的位能差。渗透压的大小和溶液的重量摩尔浓度、溶液温度和溶质解离度相关，溶液浓度越大，渗透压越大。

54
浓差电池

对海水盐度差能的利用，现在正处于原理性研究和试验阶段，同其他海洋能的利用相比，它开发比较晚，成熟度比较低，但潜能很大。海水盐度差能利用的主要形式仍然是转化为电能来使用。

目前，海水盐度差发电主要有两种方式，一种是利用数百米水柱高的渗透压使海水升高，然后获得海水从高处流向低处的势能来发电，这种发电的原理和能量的转换方式与潮汐发电相同；另一种是化学能直接转换成电能的形式，也就是浓差电池（也叫渗透式电池）的形式。

最近，日本的科学家在海水中设置了一个装有半透膜的渗透室，在渗透室中注入淡水，用这种方式取得了每平方米半透膜可发电0.25千瓦的实验成果。这个成果对于海水盐度差能的开发利用来说，已迈出了可喜而坚实的一步。

对于各式各样的化学电池，人们已经十分熟悉了，但对于海水浓差电池就感到陌生了。其实，它们都是化学能与电能之间进行转换的一种装置。

海水盐度差可发电

（1）浓差电池

浓差电池是指电池内物质变化仅是由一物质由高浓度变成低浓度且伴随着自由能转变成电能的一类电池。

（2）化学电池

化学电池是指将化学能直接转变为电能的装置，主要部分是电解质溶液、浸在溶液中的正、负电极和连接电极的导线。依据能否充电复原，分为原电池和蓄电池两种。

（3）海水盐度差能发电

当把两种浓度不同的盐溶液倒在同一容器中时，那么浓溶液中的盐离子就会自发地向稀溶中扩散，直到两者浓度相等为止。所以，海水盐度差能发电就是利用两种含盐浓度不同的海水化学电位差能，并将其转换为有效电能。

55
浓差电池试验

大家都很熟悉的普通电池是化学能与电能之间进行转换的一种装置。浓差电池也属于将化学能转换成电能的装置。选择两种不同的半透膜，一种只允许带正电荷的钠离子（Na^+）自由进出，一种则只允许带负电荷的氯离子（Cl^-）自由出入。用这两种半透膜分别制成两个容器，容器内装入海水插上电极，将它们并排浸入淡水槽内。那个只允许钠离子自由进出的容器的电极呈负性，而只允许氯离子自由进出的容器电极呈正性，这样两个电极之间就存在了电动势。如果连成回路，就有电流流过。左边容器的氯离子不断向淡水渗透，右边容器的钠离子也不断向淡水渗透，结果维持了电流的不断输出，同时使海水变淡，淡水变咸，直到盐度差相等为止。如果淡水和海水都可以源源不断地加以补充，那么浓差电池就可以持续地输出电能了。如果将许多单个的浓差电池组合起来，就可以得到很大的电流了。如果把浓差电池装置建造在河流入海处，这里淡水和海水之间的盐度差最大，浓度差能也很大，就成了海水盐度差发电站了。

浓差电池的原理并不复杂，实验均获成功，然而要把实验成果转化为实用化程度，应该说还有一段距离。

🔍 海水

（1）电荷

电荷是指物体或构成物体的质点所带电的量，是物体或系统中元电荷的代数和。带正电的粒子叫正电荷，带负电的粒子叫负电荷。同种电荷互相排斥，不同种电荷互相吸引。

（2）电极

在电池中，电极一般指与电解质溶液发生氧化还原反应的位置。电极有正负之分，一般正极为阴极，获得电子，发生还原反应，负极则为阳极，失去电子发生氧化反应。电极可以是金属或非金属，只要能够与电解质溶液交换电子，即成为电极。

（3）电动势

电动势是一个表示电源特征的物理量，是电源将其他形式的能转化为电能的本领。在数值上，电动势等于非静电力将单位正电荷从电源的负极通过电源内部移送到正极时所做的功。它是能够克服导体电阻对电流的阻力，使电荷在闭合的导体回路中流动的一种作用。

56
浓差发电

　　渗透压发电大致的工作原理和过程如下：淡水和海水用半透膜隔开，淡水通过半透膜渗透到海水中，使海水在水压塔内升高，上升到一定高度，由海水导出管流出，这样具有了一定热能的海水就推动水轮机转动，水轮机带动发电机发电。为了保持水压塔内的海水有较高的盐度，用海水补充泵补充海水，海水补充泵由水轮机带动。淡水导出管用来调节淡水量，将过剩的淡水排出，使淡水保持在一定的水位高度上。

　　渗透压发电装置发电量的大小，取决于海水导出管的流量大小和水位的高度。而流量大小又取决于淡水渗透过半透膜的速度。半透膜的面积越大、海水盐度越大，以及水压塔中的水压越小（即水位高度越小），淡水渗透的速度就越快。淡水渗透速度还与半透膜的性质有关，在其余条件相同的情况下，应采用渗透效率高的半透膜。发电装置输出的能量中，有一部分要消耗在装置本身上，如海水补充泵所消耗的能量、半透膜进行洗涤所消耗的能量。预计此装置的总效率可达25%，也就是说只要每秒能渗入1立方米的淡水，就可以得到500千瓦的电力输出。

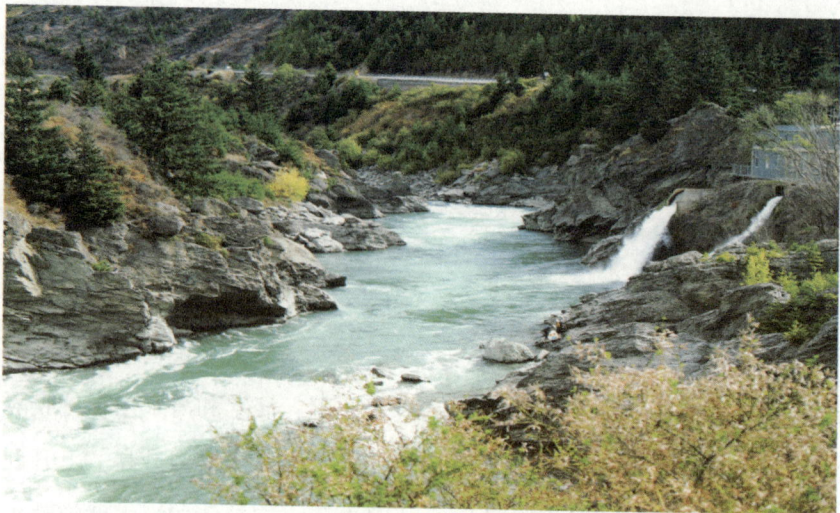

河流和发电站

（1）水轮机

水轮机是把水流的能量转换为旋转机械能的动力机械。现代水轮机则大多数安装在水电站内，用来驱动发电机发电。在水电站中，上游水库中的水经引水管引向水轮机，推动水轮机转轮旋转，带动发电机发电。做完功的水则通过尾水管道排向下游。水头越高、流量越大，水轮机的输出功率也就越大。

（2）水压

水压指水的压力。用容器盛水时，由于水有重量，就有相当于那么多重量的压力向容器的壁及底面作用。盛在容器中的水，对侧面及底面都有压力作用，对任何方向的面，压力总是垂直于接触面的。而且深度相同时，压强也相同；液体越深，则压强也越大。

（3）海水盐度

海水盐度是指海水中全部溶解固体与海水重量之比，通常以每千克海水中所含的克数表示。人们用盐度来表示海水中盐类物质的质量分数。世界大洋的平均盐度为35‰。

57
关于浓差发电的投资

浓差发电要投入实际使用，尚需要解决许多困难。例如，要建设几千米或几十千米的拦水坝和200多米高的水压塔，工程浩大；又如半透膜要承受20多个大气压的渗透压，难以制造；如果期望得到1万千瓦的电力输出，则需要4万平方米的半透膜，没法制造。如果半透膜的高度为4米，那么它的长度就有10千米，相应的拦水坝就要超过10千米，投资将是十分惊人的。

如果半透膜的高度和长度要像朗斯潮汐电站那样具有24万千瓦的装机容量。拦水坝至少是240千米，而朗斯潮汐电站的拦水坝却只有750米，相比之下，海水盐度差发电装置的投资将是非常巨大的。

（1）拦水坝
拦水坝挡水高度为4米，为混凝土结构，两侧设两孔冲沙闸，单闸孔净宽1.2米，孔高1.5米，采用潜孔式闸门，闸门为铸铁闸门，闸门尺寸为1.2×1.5米，采用手动螺杆式启闭机启闭。

（2）溶液

溶液是由至少两种物质组成的均一、稳定的混合物，被分散的物质（溶质）以分子或更小的质点分散于另一物质（溶剂）中。溶液在常温时有固体、液体和气体三种状态。

（3）朗斯潮汐电站

朗斯潮汐电站是世界最大的潮汐电站，位于法国圣玛珞湾朗斯河口。站址平均潮差8.5米，最大潮差13.5米，地基良好。

水轮发电机

58
科学设想

　　海洋盐差能发电的设想是1939年由美国人首先提出来的。最先引起科学家浓厚兴趣的试验地点是位于以色列和约旦边界的死海。死海是世界最咸的湖，湖水比一般海水含盐量至少高5～6倍。每升海水含盐250克左右，110米深处可增至270克，水的密度特大，人可以横躺在海面上而不会下沉。离死海不远的地中海比死海高出400米，如果把地中海和死海沟通，利用两个海面之间的高差，让地中海里的水向死海流动，在其流动过程中就可以发出电来。目前，一座沟通地中海和死海间的引水工程及建在死海边的试验性的发电站工程已经开始进行，一旦投入运行，该电站将能发出60万千瓦的电力。

　　海水盐度差能的开发利用，总的说来还在设想中，在短时期内要达到潮汐发电那样成熟，像海浪发电那样实用化，无论从技术上还是从经济上都是比较困难的。

（1）死海

　　死海位于约旦和巴勒斯坦交界，是世界上最低的湖泊。死海也是世界上最深的湖、最咸的湖，最深处380米，最深处湖床海拔−800米，湖水盐度达300克/升，为一般海水的8.6倍。死海的盐分高达30%，也是地球上盐分居第二位的水体。

（2）地中海

地中海是世界最大的陆间海，地中海处在欧亚板块和非洲板块交界处。地中海平均深度1450米，最深处5121米。盐度较高，最高达39.5‰。地中海是世界上最古老的海之一，而附属其的大西洋却是年轻的海洋。

（3）引水工程

引水工程一般是指借重力作用把水资源从源地输送到用户的措施。换句话说就是指从水库或河流引水到城市的供水工程。

水库发电机组

59
海洋生物电站

生物资源是每日照射到地球上的太阳能，通过植物的光合作用被吸收，并变换成物质能量而蓄积的资源，在海洋中有海藻或水草等水生植物、单细胞微小藻类等。生物资源因为是可再生性资源，如果经过适当管理，是不会枯竭的。太阳能可照射到地球上每个角落，是有可能加以利用的生物资源。

🔎 海滨海藻

另外，生物资源也是太阳能量的良好贮藏方式。

海洋是生命的摇篮。在海洋的表层，阳光射入浅海，这里生长着许多单细胞藻类：绿藻、褐藻、红藻、蓝藻等。它们从海水中吸取二氧化碳和盐类，在阳光下进行着光合作用，形成有营养的碳水化合物，同时放出氧，在海水中形成过多的带负电的氢氧离子（OH^-）。

海洋的底层是海洋动植物残骸的集聚地，也是河流从陆地带来丰富有机质的沉积场所。在黑暗缺氧的环境下，细菌分解着这些海底沉积物中的动植物残体和有机质，形成多余的带正电荷的氢离子（H^+）。于是海洋表层和底层的电位差就产生了。实际上这是一个天然的巨大的生物电池。

（1）光合作用

光合作用是植物、藻类和某些细菌，在可见光的照射下，利用光合色素，将二氧化碳（或硫化氢）和水转化为有机物，并释放出氧气（或氢气）的生化过程。光合作用是一系列复杂的代谢反应的总和，是生物界赖以生存的基础，也是地球碳氧循环的重要媒介。

（2）海藻

海藻是生长在海中的藻类，结构简单，主要特征为：没有真正根、茎、叶的分化现象；不开花，无果实和种子。

（3）碳水化合物

碳水化合物亦称糖类化合物，是自然界存在最多、分布最广的一类重要的有机化合物，主要由碳、氢、氧所组成。葡萄糖、蔗糖、淀粉和纤维素等都属于碳水化合物。

60
生物电池

🔍 碧海蓝天

从海洋生物中生产生物电池的可能性是从科学家曾经做过的一个实验而获得证实的。这个实验如下：

把酵母菌和葡萄糖的混合液放在具有半透膜壁的容器里，将这个容器浸沉在另一个较大的容器中。容器中盛有纯葡萄糖溶液，其中有溶解的氧气。在两个容器中都插入铂电极，连接两个电极便得到了电流，这说明微生物分解有机化合物的时候，就有电能随之释放出来。根据这个原理制造的电池，叫做生物电池。

生物电池比电化学电池多许多优点：生物电池工作时不放热，不损坏电极，不但可以节约大量金属，而且电池的寿命也比电化学电池长得多。

现在，以生物电池作为电源，已用于海洋中的信号灯、航标和无线电设备。有一种用细菌、海水和有机质制造的生物电池，用作无线电发报机的电源，它的工作距离已达到10千米，用生物电池作动力的模型船已在海上停放。

从生物电池的工作原理，科学家们想到了海洋。他们认为一望无际的海洋就是一个巨大的天然生物电池。所以，科学家们提出了在海洋上建立天然生物电站的设想，即利用海洋表层水和海洋底层水的电位差来产生电流。可以预料，随着科学技术的不断进步，人们定会在海洋上建立起大型的天然生物电站，发出巨大的电流，造福人类。

（1）酵母菌

酵母菌是一种单细胞真菌，在有氧和无氧环境下都能生存，属于兼性厌氧菌。在缺乏氧气时，发酵型的酵母通过将糖类转化成为二氧化碳和乙醇（俗称酒精）来获取能量。在有氧气的环境中，酵母菌将葡萄糖转化为水和二氧化碳。

（2）葡萄糖

葡萄糖又称为血糖、玉米葡糖，是自然界中分布最广且最为重要的一种单糖。葡萄糖在生物学领域具有重要地位，是活细胞的能量来源和新陈代谢中间产物。植物可通过光合作用产生葡萄糖。葡萄糖在糖果制造业和医药领域有着广泛应用。

（3）微生物

个体微小，结构简单，通常要用光学显微镜和电子显微镜才能看清楚的生物，统称为微生物。微生物包括细菌、病毒、霉菌、酵母菌等。